· EX SITU FLORA OF CHINA ·

中国迁地栽培植物志

主编 黄宏文

DESERT PLANT

荒漠植物

本卷主编 段士民 潘伯荣 王喜勇

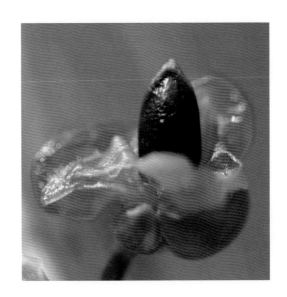

中国林业出版社
China Forestry Publishing House

内容简介

我国植物园在荒漠植物的引种驯化、迁地保护过程中积累了丰富、宝贵的原始资料,在荒漠植物的多样性保护和资源发掘利用中发挥了重要作用。

本书收录了中国科学院新疆生态与地理研究所吐鲁番沙漠植物园迁地栽培荒漠植物30科79属133种。科的排列,裸子植物按郑万钧系统,被子植物按恩格勒(Engler)系统。物种拉丁名主要依据《中国植物志》和 *Flora of China*,仅个别植物种参照了《新疆植物志》;属和种均按照拉丁名字母顺序排列。每种植物介绍包括中文名、拉丁名、别名等分类学信息和自然分布、迁地栽培形态特征、引种信息、物候信息、迁地栽培要点及主要用途,并附彩色照片展示其物种形态学特征。书中部分物种的引种信息和物候信息还收集了甘肃省治沙研究所民勤沙生植物园的资料。为了便于查阅,书后附有相关植物园的地理环境以及中文名和拉丁名索引。

本书可供农林业、园林园艺、环境保护、医药卫生等相关学科的科研和教学使用。

主编简介

黄宏文: 1957年1月1日生于湖北武汉,博士生导师,中国科学院大学岗位教授。长期从事植物资源研究和果树新品种选育,在迁地植物编目领域耕耘数十年,发表论文400余篇,出版专著40余本。主编有《中国迁地栽培植物大全》13卷及多本专科迁地栽培植物志。现为中国科学院庐山植物园主任,中国科学院战略生物资源管理委员会副主任,中国植物学会副理事长,国际植物园协会秘书长。

图书在版编目(CIP)数据

中国迁地栽培植物志. 荒漠植物 / 黄宏文主编;段士民,潘伯荣,王喜勇本卷主编. -- 北京:中国林业出版社,2020.9

ISBN 978-7-5219-0817-6

Ⅰ.①中… Ⅱ.①黄… ②段… ③潘… ④王… Ⅲ.
①荒漠—植物—引种栽培—植物志—中国 Ⅳ.
①Q948.52

中国版本图书馆CIP数据核字(2020)第187203号

ZHŌNGGUÓ QIĀNDÌ ZĀIPÉI ZHÍWÙZHÌ · HUĀNGMÒ ZHÍWÙ

中国迁地栽培植物志·荒漠植物

出版发行: 中国林业出版社
(100009 北京市西城区刘海胡同7号)
电　　话: 010-83143517
印　　刷: 北京雅昌艺术印刷有限公司
版　　次: 2021年3月第1版
印　　次: 2021年3月第1次印刷
开　　本: 889mm×1194mm　1/16
印　　张: 26.25
字　　数: 827千字
定　　价: 368.00元

《中国迁地栽培植物志·荒漠植物》编者

主　　编： 段士民（中国科学院新疆生态与地理研究所）

潘伯荣（中国科学院新疆生态与地理研究所）

王喜勇（中国科学院新疆生态与地理研究所）

编　　委： 尹林克（中国科学院新疆生态与地理研究所）

荆卫民（中国科学院新疆生态与地理研究所）

康晓珊（中国科学院新疆生态与地理研究所）

师　玮（中国科学院新疆生态与地理研究所）

王建成（中国科学院新疆生态与地理研究所）

李爱德（甘肃省治沙研究所）

李昌龙（甘肃省治沙研究所）

王果平（新疆维吾尔自治区中药民族药研究所）

刘　彬（新疆师范大学）

主　　审： 冯虎元（兰州大学）

责任编审： 廖景平　湛青青（中国科学院华南植物园）

摄　　影： 段士民　潘伯荣　王喜勇　马　健　孙学刚　褚建民

数据库技术支持： 张　征　黄逸斌　谢思明（中国科学院华南植物园）

《中国迁地栽培植物志·荒漠植物》参编单位（数据来源）

中国科学院新疆生态与地理研究所吐鲁番沙漠植物园

甘肃省治沙研究所民勤沙生植物园

《中国迁地栽培植物志》编研办公室

主　任：任　海

副主任：张　征

主　管：湛青青

序 FOREWORD

　　中国是世界上植物多样性最丰富的国家之一，有高等植物约33000种，约占世界总数的10%，仅次于巴西，位居全球第二。中国是北半球唯一横跨热带、亚热带、温带到寒带森林植被的国家。中国的植物区系是整个北半球早中新世植物区系的孑遗成分，且在第四纪冰川期中，因我国地形复杂、气候相对稳定的避难所效应，又是植物生存、物种演化的重要中心，同时，我国植物多样性还遗存了古地中海和古南大陆植物区系，因而形成了我国极为丰富的特有植物，有约250个特有属、15000～18000特有种。中国还有粮食植物、药用植物及园艺植物等摇篮之称，几千年的农耕文明孕育了众多的栽培植物的种质资源，是全球资源植物的宝库，对人类经济社会的可持续发展具有极其重要意义。

　　植物园作为植物引种、驯化栽培、资源发掘、推广应用的重要源头，传承了现代植物园几个世纪科学研究的脉络和成就，在近代的植物引种驯化、传播栽培及作物产业国际化进程中发挥了重要作用，特别是经济植物的引种驯化和传播栽培对近代农业产业发展、农产品经济和贸易、国家或区域的经济社会发展的推动则更为明显，如橡胶、茶叶、烟草及众多的果树、蔬菜、药用植物、园艺植物等。特别是哥伦布到达美洲新大陆以来的500多年，美洲植物引种驯化及其广泛传播、栽培深刻改变了世界农业生产的格局，对促进人类社会文明进步产生了深远影响。植物园的植物引种驯化还对促进农业发展、食物供给、人口增长、经济社会进步发挥了不可替代的重要作用，是人类农业文明发展的重要组成部分。我国现有约200个植物园引种栽培了高等维管植物约396科、3633属、23340种(含种下等级)，其中我国本土植物为288科、2911属、约20000种，分别约占我国本土高等植物科的91%、属的86%、物种数的60%，是我国植物学研究及农林、环保、生物等产业的源头资源。因此，充分梳理我国植物园迁地栽培植物的基础信息数据，既是科学研究的重要基础，也是我国相关产业发展的重大需求。

　　然而，我国植物园长期以来缺乏数据整理和编目研究。植物园虽然在植物引种驯化、评价发掘和开发利用上有悠久的历史，但适应现代植物迁地保护及资源发掘利用的整体规划不够、针对性差且理论和方法研究滞后。同时，传统的基于标本资料编纂的植物志也缺乏对物种基础生物学特征的验证和"同园"比较研究。我国历时45年，于2004年完成的植物学巨著《中国植物志》受到国内外植物学者的高度赞誉，但由于历史原因造成的模式标本及原始文献考证不够，众多种类的鉴定有待完善；Flora of China虽弥补了模式标本和原始文献考证的不足，但仍然缺乏对基础生物学特征的深入研究。

　　《中国迁地栽培植物志》将创建一个"活"植物志，成为支撑我国植物迁地保护和可持续利用的基础信息数据平台。项目将呈现我国植物园引种栽培的20000多种高等植物的实地形态特征、物候信息、用途评价、栽培要领等综合信息和翔实的图片。从学科上支持分类学修订、园林园艺、植物生物学和气候变化等研究；从应用上支持我国生物产业所需资源发掘及利用。植物园长期引种栽培的植物与我国农林、医药、环保等产业的源头资源密切相关。由于受人类大量活动的影响，植物赖以生存的自然生态系统遭到严重破坏，致使植物灭绝威胁增加；与此同时，绝大部分植物资源尚未被人类认识和充分利用；而且，在当今全球气候变化、经济高速发展和人口快速增长的背景下，植物园作为植物资源保存和发掘利用的"诺亚方舟"将在解决当今世界面临的食物保障、医药健康、工业原材料、环境变化等重大问题中发挥越来越大的作用。

《中国迁地栽培植物志》编研将全面系统地整理我国迁地栽培植物基础数据资料，对专科、专属、专类植物类群进行规范的数据库建设和翔实的图文编撰，既支撑我国植物学基础研究，又注重对我国农林、医药、环保产业的源头植物资源的评价发掘和利用，具有长远的基础数据资料的整理积累和促进经济社会发展的重要意义。植物园的引种栽培植物在植物科学的基础性研究中有着悠久的历史，支撑了从传统形态学、解剖学、分类系统学研究，到植物资源开发利用、为作物育种提供原始材料，及至现今分子系统学、新药发掘、活性功能天然产物等科学前沿乃至植物物候相关的全球气候变化研究。

《中国迁地栽培植物志》将基于中国植物园活植物收集，通过植物园栽培活植物特征观察收集，获得充分的比较数据，为分类系统学未来发展提供翔实的生物学资料，提升植物生物学基础研究，为植物资源新种质发现和可持续利用提供更好的服务。《中国迁地栽培植物志》将以实地引种栽培活植物形态学性状描述的客观性、评价用途的适用性、基础数据的服务性为基础，立足生物学、物候学、栽培繁殖要点和应用；以彩图翔实反映茎、叶、花、果实和种子特征为依据，在完善建设迁地栽培植物资源动态信息平台和迁地保育植物的引种信息评价、保育现状评价管理系统的基础上，以科、属或具有特殊用途、特殊类别的专类群的整理规范，采用图文并茂方式编撰成卷（册）并鼓励编研创新。全面收录中国的植物园、公园等迁地保护和栽培的高等植物，服务于我国农林、医药、环保、新兴生物产业的源头资源信息和源头资源种质，也将为诸如气候变化背景下植物适应性机理、比较植物遗传学、比较植物生理学、入侵植物生物学等现代学科领域及植物资源的深度发掘提供基础性科学数据和种质资源材料。

《中国迁地栽培植物志》总计约60卷册，10~20年完成。计划2015—2020年完成前10~20卷册的开拓性工作。同时以此推动《世界迁地栽培植物志》（*Ex Situ Flora of the World*）计划，形成以我国为主的国际植物资源编目和基础植物数据库建立的项目引领。今《中国迁地栽培植物志·荒漠植物》书稿付梓在即，谨此为序。

黄宏文

2020年5月6日于广州

前言 PREFACE

荒漠主要指沙漠、砾漠和盐漠的统称。包括塔克拉玛干沙漠、古尔班通古特沙漠、巴丹吉林沙漠、腾格里沙漠、库木塔格沙漠及乌兰布和沙漠等大面积的沙质荒漠，哈顺戈壁、北山戈壁、诺敏戈壁及将军戈壁等砾质荒漠以及盐渍化荒漠即盐漠。盐漠占全国可利用土地面积的4.88%。

中国荒漠区包括温带荒漠区和暖温带荒漠区。温带荒漠区包括阿拉善荒漠区、河西走廊荒漠区和准噶尔盆地荒漠区；暖温带荒漠区包括哈密（戈壁）荒漠区、吐鲁番盆地荒漠区、塔里木盆地极端干旱荒漠区和敦煌–库木塔格荒漠区。荒漠区总面积$1.095 \times 10^{6} km^{2}$，约占国土面积的11.4%。

中国荒漠区地处中亚、西伯利亚、蒙古、西藏和我国华北的交汇区，区域内自然地理条件历经沧桑与变迁，为各个植物区系成分的接触、混合和迁移创造了有利条件。除构成本地带植物区系基础成分的亚洲中部成分外，中亚成分、古地中海成分、南哈萨克斯坦–准噶尔成分也占相当大的比重，其他还有北温带成分、温带亚洲成分、喜马拉雅成分、热带成分、北方和极地成分等，植物地理成份十分复杂。荒漠植物是在大气干旱、多风沙、重盐碱、高寒贫瘠等特殊恶劣的荒漠气候环境下分布和生存的一类植物，具有趋同进化的特征，表现出强烈的旱生性和起源古老性，在地理成分上主要属于温带性质，特有程度较低。荒漠植物在长期的进化适应过程中，表现出了多样、特殊的生态–生活型特征和生活史对策，演化形成了多样性的潜在经济和生态价值的遗传基因，如能抵抗生物和非生物逆境的抗性基因、优良观赏性基因和速生高产基因等，是国家经济社会可持续发展和参与国际生物技术领域竞争所必需的战略性植物种质资源。

本卷所收录的迁地栽培荒漠植物各自构成了灌木荒漠、小乔木荒漠、半灌木荒漠、小半灌木荒漠和多汁木本盐柴类荒漠等植被类型，有些也是荒漠草原群落中的建群种、优势种和伴生种。

荒漠植物物种的确定是根据沈观冕编撰《中国种子植物区系荒漠植物亚区植物名录》为依据的，按其统计，中国荒漠种子植物有70科379属1217种。其中，裸子植物2科2属11种，被子植物68科377属1206种。本卷共收录的迁地栽培荒漠植物共30科79属133种。其中，裸子植物1科1属5种，被子植物29科78属128种；本卷也包含荒漠绿洲栽培历史悠久的防护林树种，如白桑（*Morus alba*）、黑桑（*Morus nigra*）；以及从中亚引种，迁地栽培的荒漠植物，如黑梭梭（*Haloxylon aphyllum*）、李氏碱柴（*Salsola richteri*）。依据《中国植物红皮书》名录，在编物种中有易危植物4种，中国特有植物8种。

本书承蒙以下研究项目的大力资助：国家科技部基础性工作专项"植物园迁地保护植物编目及信息标准化（2009FY120200）"和"植物园迁地栽培植物志编撰（2015FY210100）"；中国科学院华南植物园"一三五"规划（2016—2020）——中国迁地植物大全及迁地栽培植物志编研；生物多样性保护重大工程专项——重点高等植物迁地保

护现状综合评估；国家基础科学数据共享服务平台——植物园主题数据库；中国科学院核心植物园特色研究所建设任务：物种保育功能领域；广东省数字植物园重点实验室；中国科学院科技服务网络计划（STS 计划）——植物园国家标准体系建设与评估（KFJ-3W-Nol-2）；中国科学院大学研究生/本科生教材或教学辅导书项目。在编写过程中得到植物学专家的审核。本书工作亦得到了中国科学院吐鲁番沙漠植物园，中国科学院吐鲁番沙漠植物园标本室（TURP），中国科学院中亚生态与环境研究中心（Y933041），第二次青藏高原综合科学考察研究子课题"天山-帕米尔区域植物资源综合考察（2019QZKK05020111）"，国家荒漠-绿洲生态建设工程技术研究中心的资助。谨此一并表示衷心感谢！

作者

2020 年 3 月

目录 CONTENTS

概述

Overview

在北半球西风行星峰带高压带控制的中纬度地带，由大西洋岸的北非向东经亚洲西部而至亚洲中部，横亘着世界上最为广阔的一片荒漠地区，即"亚非荒漠区"。我国西北部的荒漠区域即位于其东段，约在东经108°以西，北纬36°以北，包括新疆维吾尔自治区的准噶尔盆地与塔里木盆地、青海省的柴达木盆地、甘肃省与宁夏回族自治区北部的阿拉善高平原，以及内蒙古自治区鄂尔多斯台地的西端，约占我国面积的五分之一强，其中，沙漠与戈壁面积约有 $1.0 \times 10^6 \text{km}^2$（吴征镒，1980）。

我国荒漠地区的中央距四方的海洋均在2000～3000km以上，且多有高原大山的阻隔。巨大隆起的青藏高原屹立于荒漠地区的南部成为天然屏障，荒漠地区的东部与北部则为欧亚草原区所包绕。向西延伸则为广阔的中亚细亚西部荒漠平原。我国荒漠区域属于温带荒漠气候地带（南北尚可分为温带与暖温带两个亚地带）。基本上处在大陆性气团的高压带控制下；但东部多少受东南季风影响，降水集中于夏季；在西部主要受西来气流影响，冬春雨雪逐渐增多。本区域气候的四大基本特点是：光热资源丰富、冷热变化剧烈、干燥少雨与风大沙多（吴征镒，1980）。

本区域早为古陆，西部曾受古地中海海浸，自白垩纪起开始旱化，老第三纪时一度转湿润，自新第三纪以来，南部有巨大的青藏高原隆升，境内又耸起几列迤逦千里的高大山系，古地中海远远西退，海洋季风难以侵入，蒙古-西伯利亚反气旋高压却形成和发展起来，大陆干旱区特殊的大气环流形势逐渐成型。特别是第四纪冰期以后，旱化趋势增强，现代的荒漠面貌已基本具备。这种历史地理条件决定着本区域植物区系与植被向着强度旱生的荒漠类型发展的总趋势；种类组成趋于贫乏，具有一些荒漠区域为主的科属和生活型；在区系的发生上以古地中海为核心，形成与东亚温带、亚热带森林成分和北温带泰加林、冻原成分完全不同的另一大分支；在地理成分方面则具有一系列以干旱的中亚分布类型为骨干的种类，但在降水较充沛的山地仍保留着中生森林与草甸植物的阵地，并有一些北方中生成分沿山地渗入。在山地上部则发育着高山植物（吴征镒，1980）。

本区域地处中亚细亚，位于西伯利亚、青藏高原、东亚与西亚之间，在地质历史上又历经沧海桑田、暖期与冰期等巨变，为各个植物区系历史与地理成分的相互渗透、混杂和特化创造了条件。因此，本区域的植物地理成分比较复杂，类型多样，其中以中亚成分（泛指分布于习称的中亚和亚洲中部的种类："中亚西部成分"为"中亚成分"和"伊朗-吐兰成分"的同义语）为本区域荒漠植被与其他植被最重要的组成者，本区域植被的主要建群种和重要的常见种类的地理成分包括有：地中海-西亚-中亚成分、中亚成分中亚西部成分、旧世界温带成分、东亚成分等（吴征镒，1980）。

一、我国荒漠植物数量的统计分析

我国荒漠地带由于地处中亚、西伯利亚、蒙古、西藏和华北的交汇，境内自然地理条件在过去又几经变迁，这为整个植物区系成分的接触、混合和迁徙创造了有利的条件。因此，本地带植物区系中的地州成分却是十分复杂的。构成本地带区系基础的为本地的亚洲中部成分，除此之外，有中亚成分、古地中海成分、南哈萨克斯坦-准噶尔成分，它们占着相当大的比重；其他还有北温带成分、温带亚洲成分、喜马拉雅成分、北方和极地成分，等等。组成中国荒漠植被的植物区系特征为：种类的贫乏性和地理成分的复杂性；荒漠成分的古老性；种属分化微弱，出现许多单型和寡型属；中亚和南哈萨克斯坦荒漠成分的大量侵入和广泛分布（刘华训，1985）。

广义的沙漠地区，既包括荒漠地带、也包括半荒漠地带和干草原地带。我国沙漠地区幅员辽阔，自然条件差异很大，生态环境复杂多样，植物资源较为丰富，并具一定的特殊性。

关于中国沙漠地区有关沙区植物的数量先后出现过不同的统计结果。李孝芳等在《毛乌素沙区自然条件及其改良利用》（1983）认为毛乌素沙区野生植物种类在我国各沙区（不包括山地）中算是较为丰富的，共调查统计到高等植物（包括蕨类植物）68科，224属，401种和4亚种11变种。高尚武主编的《治沙造林学》（1984）和张强等在《中国沙区草地》（1998）中总结分析结论一致，认为"我国沙区常见的植物种在800种左右，如包括山麓、戈壁、山前平原、盐土等各种生境上的种类共约1800种左右。如包括荒漠区各山系在内，初步统计全沙区植物为3913种，约相当于中亚总种数6000种的2/3，它们隶属于129科，816属"。同时还指出："由于沙区地跨草原与荒漠区"，"据有关资料我国草原区植物区系共有125科760余属3600多种"，"两区共有种子植物7500余种，扣除重复共有植物5000种以上，约占全国植物总数的20%"（表1）。这一结果也是迄今为止，分析统计我国沙漠地区植物（含半湿润和湿润沙地草原植物区系成分）最为系统完整的一份资料。如果能进一步完成详细的植物名录及其具体分布地点，将会更准确地反映出我国沙区植物种类的实际状况。

表1 我国沙漠地区植物科属含种数分类情况统计表*

植物门纲	科数	属数	种数	含单种	含2～4种		含5～10种		含11～20种		含21种以上	
				属数	属数	种数	属数	种数	属数	种数	属数	种数
蕨类植物门	14	22	49	14	6	17	2	18				
裸子植物门	3	8	36	3	3	10	1	10	1	13		
合计	112	786	3828	327	255	691	121	878	50	723	33	1209
被子植物门 离瓣花纲	63	399	1880	180	122	334	51	353	28	400	18	613
合瓣花纲	32	260	1185	104	86	223	45	308	17	253	8	297
双子叶植物合计	95	659	3065	284	208	557	96	661	45	653	26	910
单子叶植物合计	17	127	763	43	47	134	25	217	5	70	7	299
总计	129	816	3913	344	264	718	124	906	51	736	33	1209
占总属数的百分比（%）				42.16	32.35		15.20		6.25		4.00	
占总种数的百分比（%）				8.8		18.4		23.2		18.8		30.8

*引自张强等《中国沙区草地》（1998）。

潘晓玲等（1994）在"塔里木盆地植物区系研究"中报道："塔里木盆地共采集记录到种子植物165种，隶属于105属35科。在其生活型组成中，地面芽植物居首位占46.8%，次为一年生植物30.1%，表现为本区植被具有温带荒漠的特殊属性"。潘晓玲（1996）在"准噶尔盆地植被特点与植物区系形成的探讨"中认为："准噶尔盆地有种子植物30科121属245种，分别占科、属和种总数的70%、87%和90%，是本区植物区系的重要组成成分。其中含5种以上的数量优势属有7属，共73种，占总属、种数的23.3%和29.9%。它们是沙拐枣属（*Calligonum*）6种，碱蓬属（*Suaeda*）12种，猪毛菜属（*Salsola*）24种，蝇子草属（*Silene*）5种，黄耆属（*Astragalus*）7种，霸王属（*Zygophyllum*）12种，柽柳属（*Tamarix*）7种。"丘新明在《我国沙漠中部地区植被》（2000）统计我国中部沙区有植物1000多种，其中腾格里沙漠地区有45种，分属38科，11属；乌兰布和沙漠有240种，分属45科，154属；毛乌素沙地411种，分属66科，229属。

我国沙漠地区植物的权威著作应是刘媖心主编的《中国沙漠植物志》（共三卷，1985；1987；1992）。该专著对于海拔高于1500m处的植物种（柴达木盆地除外）和沙漠地区常见的栽培植物以及引进的植物一般不收录，但对固沙造林的植物和适于沙漠地区栽培的经济植物中的引进种，如头状沙拐枣（*Calligonum caput-medusae*）、乔木状沙拐枣（*C. arborescen*s）和油莎草（*Cyperus esculentus*）则收录，三卷共收录了96科942属1694种（不包括亚种、变种和变型）。其后，据不完全统计，针对《中国沙漠植物志》的补遗，先后发表有禾本科16个新种（张国梁，1992）；合并2属各2种，重订名1种，取消1种，增加景天科4属10种1变种，增加水毛茛属（*Batrachium*）5种，对十字花科1属8种植物名称作了订正（张秀伏，1993；1995；1997；1999）；增加蒲公英属（*Taraxacum*）3种（葛学军 等，1998）。毕竟本书所涉及的地区范围不仅是西北干旱地区的库布齐沙漠、乌兰布和沙漠、腾格里沙漠、巴丹吉林沙漠、河西走廊沙地和准噶尔盆地、塔里木盆地、柴达木盆地，还涉及及其周围地区，也包括了半干旱、半湿润的科尔沁沙地、浑善达克沙地和毛乌素沙地。行政区域属辽宁、内蒙古、陕西、宁夏、甘肃、新疆、青海等七省（自治区）。因此，收集的植物数量偏大。

潘晓玲等在《西北干旱荒漠区植物区系地理与资源利用》（2001）中认为："现知西北干旱荒漠区有种子植物82科，484属，1704种，占全国总科数的24.34%，其中裸子植物只有麻黄科、松科和柏科3科4属，17种，双子叶植物63科，384属，1349种，单子叶植物16科96属，338种。"并对我国西北荒漠种子植物共1704种的生活型进行了分析：草本植物最多，共1487种，占总种数的87.26%，其中，一年生草本484种，占总种数的28.40%，二年生草本33种，占总种数的1.94%，多年生草本970种，占总种数的56.92%。而乔木仅35种，占总种数的2.05%，灌木260种，占总种数的15.26%。而西北荒漠地区种子植物生活型中，科的生活型分析结果是：木本12科，其中乔木9科，灌木3科，占总科数的14.63%。草本科占75.37%。属的生活型分析结果是：木本属有44个，仅占总属数的9.09%。其他440属都为草本，占总属数的90.91%。尽管上述统计中还存在一定问题，如科的生活型分析结果中木本不止12科，其中乔木还有胡颓子科、桦木科等；灌木也不止3科，还有藜科、蒺藜科等。但是，该统计总体反映出西北荒漠地区种子植物生活型中草本植物科、属、种所占比例远大于木本植物这一特点。慈龙骏等在《中国的荒漠化及其防治》（2005）专著也完全应用了上述资料，而卢琦等主编的《中国荒漠植物图鉴》（2012）认为：据不完全统计，在我国荒漠和荒漠化地区共有维管束植物82科484属1704种，分别占全国同类植物科、属、种的24.34%、15.53%、6.31%。这与潘晓玲等（2001）的统计数据相同，可后者却是指"维管植物"。《中国荒漠植物图鉴》专著共收集荒漠维管束植物610种（含12变种），其中蕨类植物2种，裸子植物10种1变种，单子叶植物55种3变种，双子叶植物531种8变种，隶属76科（蕨类植物1科，裸子植物3科，单子叶植物8科，双子叶植物64科）291属（蕨类植物1属，裸子植物4属，单子叶植物36属，双子叶植物250属）。

然而，荒漠植物正如《中国植被》（1980）早就指出：我国荒漠区域面积约 $2.2 \times 10^6 km^2$ 的范围内，高等植物（包括蕨类）就目前所知，约计3900种，分属于130科，817属。约占全国植物区系总科数的43.2%，总属数的27.4%，而种数仅占15.8%。以其据有全国1/5强的辽阔幅员来说，种类颇为贫乏，但所占科数却不低，表明本区域多单属科、单种属与寡种属。以这个数字与同纬度的邻近植物区域相比，则东北的针阔的混交林区域为1900种，温带草原区域为3600种，本区域皆多过之，而与华北落叶阔叶林区域的4000种相近，这是由于面积比它们大得多，且多高山之故；与邻近区域联系较广泛也是一个原因。若按本区域的平原，也就是真正的荒漠地区，大约不过1000种，其中，准噶尔盆地最多，约500余种；阿拉善高原次之，约470种；柴达木盆地也有约200余种；塔里木盆地约200余种；诺敏戈壁、哈顺戈壁与北山一带干旱核心地区最少，不超过100种。

赵松桥在《中国干旱地区自然地理》（1985）中明确指出："荒漠地带。分属温带及暖温带干旱地区，在贺兰山以西广泛分布，是我国干旱地区的主体，约占全国土地总面积的1/6。"因此，我国荒漠植物的准确统计资料应针对"温带、暖温带干旱地区"；作为植物园引种驯化植物的原则"从种子到种子"，也主要考虑"种子植物"的数量。

沈观冕（1993）承担吴征镒主持的"中国种子植物区系研究"重大基金项目，完成"中国荒漠种子植物区系"研究成果所确定的中国荒漠种子植物为70科361属1079种（后补充确定为70科379属1217种，增加18属，138种）。该名录是按"中国植物区系分区"的亚洲荒漠植物亚区范围收录，除各类荒漠植物外，还包括短生植物（亦称短命植物和类短命植物），以及荒漠地区河岸林、草甸、沼泽的中生和湿生植物及河流、湖泊中的水生植物（其中不包括人工种植的植物和垦区的杂草。依据沈观冕"中国种子植物区系荒漠植物亚区植物名录（修订）"统计，荒漠种子植物中裸子植物科、属、种所占比例很少，主要还是双子叶植物（表2）。

表2　中国种子植物区系荒漠植物亚区种类统计

类别	中国种子植物总数*	荒漠区植物							
		总数	占全国%	裸子植物		单子叶植物		双子叶植物	
				数量	%	数量	%	数量	%
科	301	70	23.26	2	2.86	17	24.29	51	72.86
属	2980	379	12.72	2	0.53	68	17.94	309	81.53
种	24550	1217	4.96	11	0.09	245	20.13	961	78.96

*依据《中国植被》（1980）的数据。

由"中国种子植物区系荒漠植物亚区植物名录（修订）"的结果可知，我国荒漠野生种子植物70科379属1217种中，物种数在20种以上的科有10个，占总科数的14.28%；属的数量在20个以上的科仅7个科，占总科数的10.00%。属和物种数最多是菊科，分别有62属，207种；属的数量其次是十字花科39属，第三是藜科34属；物种排第二的是藜科136种，第三位是豆科117种，其余67科的物种数量都不到100种（表3）。

表3　荒漠种子植物科属种统计

科名	属数	种数	科名	属数	种数
柏科 Cupressaceae	1	2	伞形科 Umbelliferae	12	24
麻黄科 Ephedraceae	1	9	报春花科 Primulaceae	3	3
杨柳科 Salicaceae	2	18	白花丹科 Plumbaginaceae	4	15
桦木科 Betulaceae	1	1	龙胆科 Gentianaceae	2	2
榆科 Ulmaceae	1	1	夹竹桃科 Apocynaceae	2	3
蓼科 Polygonaceae	5	59	萝摩科 Asclepiadaceae	1	5
藜科 Chenopodiaceae	34	136	旋花科 Convolvulaceae	1	7
石竹科 Caryophyllaceae	7	17	紫草科 Boraginaceae	14	36
睡莲科 Nymphaeaceae	2	4	唇形科 Labiatae	22	36
金鱼藻科 Ceratophyllaceae	1	1	茄科 Solanaceae	2	5
毛茛科 Ranunculaceae	7	17	玄参科 Scrophulariaceae	7	12
小檗科 Berberidaceae	1	1	列当科 Orobanchaceae	2	11
罂粟科 Papaveraceae	6	15	狸藻科 Lentibulariaceae	1	1

（续）

科名	属数	种数	科名	属数	种数
山柑科 Capparidaceae	1	1	车前科 Plantaginaceae	1	5
十字花科 Cruciferae	39	76	茜草科 Rubiaceae	3	10
景天科 Crassulaceae	4	6	败酱科 Valerianaceae	1	1
蔷薇科 Rosaceae	7	19	川续断科 Dipsacaceae	1	2
豆科 Leguminosae	20	117	菊科 Compositae	62	207
牻牛儿苗科 Geraniaceae	2	4	香蒲科 Typhaceae	1	8
蒺藜科 Zygophyllaceae	5	26	黑三棱科 Sparganiaceae	1	3
芸香科 Rutaceae	1	4	眼子菜科 Potamogetonaceae	3	11
大戟科 Euphorbiaceae	2	7	茨藻科 Najadaceae	1	2
水马齿科 Callitrichaceae	1	1	水麦冬科 Juncaginaceae	1	2
锦葵科 Malvaceae	4	4	泽泻科 Alismataceae	2	8
瓣鳞花科 Frankeniacea	1	1	花蔺科 Butomaceae	1	1
柽柳科 Tamaricaceae	3	22	水鳖科 Hydrocharitaceae	1	1
半日花科 Cistaceae	1	1	禾本科 Gramineae	34	89
瑞香科 Thymelaeaceae	2	2	莎草科 Cyperaceae	8	57
胡颓子科 Elaeagnaceae	2	5	天南星科 Araceae	1	1
千屈菜科 Lythraceae	1	1	浮萍科 Lemnaceae	2	3
菱科 Trapaceae	1	1	灯心草科 Juncaceae	1	13
柳叶菜科 Onagraceae	1	4	百合科 Liliaceae	6	32
小二仙草科 Haloragaceae	1	2	石蒜科 Amaryllidaceae	1	2
杉叶藻科 Hippuridaceae	1	1	鸢尾科 Iridaceae	1	7
锁阳科 Cynomoriaceae	1	1	兰科 Orchidaceae	3	5
合计		379 属			1217 种

该统计结果正如《中国植被》（1980）所述，"种类颇为贫乏，但所占科数却不低，表明本区域多单属科、单种属与寡种属"，这也反映出我国荒漠植物区系成分珍贵与稀有的特性。然而许多植物物种乃至科、属还有变化，如荒漠典型的常绿灌木沙冬青属的新疆沙冬青（*Ammopiptanthus nanus*），在 *Flora of China* 中被并入了蒙古沙冬青（*Ammopiptanthus mongolicus*），经我们对2种沙冬青的形态、细胞以及分子进行的分析研究，认为新疆沙冬青是个好种，还应独立出来（Wei Shi *et al.*，2017）。必须指出，新的分子分类系统（APG Ⅳ）的科、属变化会更大，本书基本沿用过去的资料，尤其是沈观冕的这份科研成果属于首次正式面世。

二、我国荒漠植被与荒漠种子植物的特点

荒漠（desert）是指超旱生的小乔木（或称亚乔木、半乔木）、灌木、半灌木和小半灌木占优势的稀疏植被。荒漠植被主要分布在亚热带和温带的干旱地区。从非洲北部的大西洋岸起，向东经撒哈拉沙漠，阿拉伯半岛的大、小内夫得沙漠，鲁卜哈利沙漠，伊朗的卡维尔沙漠和卢特沙漠，阿富汗的赫尔曼德沙漠，印度和巴基斯坦的塔尔沙漠，中亚荒漠和我国西北及蒙古的大戈壁，形成世界上最为壮观而广阔的亚非荒漠区。

我国的荒漠主要分布于西北各省区，如新疆的塔克拉玛干大沙漠（世界第二大沙漠）、古尔班通古特沙漠，青海的柴达木盆地，内蒙古与宁夏的阿拉善高原，内蒙古的鄂尔多斯台地等，在气候上属于温带气候地带。降水分布不均匀，我国荒漠的东部由于受东南季风的影响，降水集中于夏季；西部主要受西来气流的影响，冬春雨雪逐渐增多。

中国荒漠植物区系发生并形成在第三纪、在第四纪冰期又有进一步发展的推断已成为共识。第三纪喜马拉雅山地的隆升阻隔海洋湿气，为地球上逐渐形成纬度最北的干旱沙漠环境创造了条件，特别是第四纪冰期以后，旱化趋势增强，现代的荒漠面貌已基本具备，并孕育出上千种典型的荒漠植物种类，成为中国荒漠植被的主要构建者。其中不仅包括假木贼属（*Anabasis*）、梭梭属（*Haloxylon*）、驼绒藜属（*Krascheninnikovia*）、白刺属（*Nitraria*）、琵琶柴属（*Reaumuria*）、沙拐枣等源于早第三纪或中新世代表（李文漪 等，1990），而源于侏罗纪的麻黄（*Ephedra*），到白垩纪–早第三纪时，种类较现在丰富，将近50种，在各大陆板块先后分离之前已经发生与演化，其代表种在亚洲中部形成了荒漠的分布中心（沈观冕，1995）。孢粉证据支持准噶尔板块在早石炭世已与哈萨克斯坦板块、西伯利亚板块对接、塔里木板块在早二叠纪与准噶尔板块对接的假说。二叠纪时，两地处于亚热带—暖温带（40°N 以南），气候总体上为半干旱气候，但干旱程度并不严酷，局部地区或层位偶尔还形成薄煤层或煤线，准噶尔盆地还有干湿的周期性变化和年度的季节变化（欧阳舒 等，1993）。尽管古陆块的准噶尔大兴安地槽抬升较后，新的华夏古陆的范畴包括了黑龙江和内蒙古，以及准噶尔盆地中段，这些地区都能找到古生代华夏植物区系的化石（张宏达，1994）。因此，准噶尔盆地植物区系和东部草原区沙地是在第三纪还是第四纪发生与形成，有待进一步探讨。由此看来，中国荒漠植物区系成分的来源也应用"多系、多期、多域"被子植物起源的理论（吴征镒 等，1998；2002）解释更合适，其成分应源于泛北极植物区（界）、东亚植物区（界）、中亚植物区（界）和古热带植物区（界）。

我国荒漠植被按其植物的生活型划分，可以分为3个荒漠植被亚型，小乔木荒漠、灌木荒漠和半灌木、小半灌木荒漠。其中以半灌木荒漠分布最为广泛，它们生长低矮，叶狭而稀少，最能适应和忍耐荒漠严酷的生长环境。

以古地中海区为起源中心的藜科在荒漠区域具有最大的建群作用。其中如梭梭属、猪毛菜属、碱蓬属、假木贼属、盐爪爪属（*Kalidium*）、滨藜属（*Atriplex*）、驼绒藜属的种，及单种属的合头草（*Sympegma*）、戈壁藜（*Iljinia*）、小蓬（*Nanophyton*）、盐穗木（*Halostachys*）、盐节木（*Halocnemum*）等均含有重要的荒漠植被建群种，其他属亦多有荒漠群落的伴生种。菊科植物则遍布本区域荒漠盆地与山地，在荒漠中具建群作用的是蒿属（*Artemisia*）的许多种，其他为紫菀属（*Aster*）、亚菊属（*Ajania*）、短舌菊属（*Brachanthemum*）与本区域特有的喀什菊（*Kaschgaria komarovii*）。禾本科植物在荒漠植被中有不多的属种如：三芒草属（*Aristida*）、披碱草属（*Elymus*）；芨芨草属（*Achnatherum*）、獐毛属（*Aeluropus*）、赖草属（*Leymus*）的种与芦苇则是荒漠中盐化草甸的组成者。豆科、蔷薇科与毛茛科等科类繁多，但多为伴生种，且主要分布于山地，其中豆科的甘草属（*Glycyrrhiza*）、骆驼刺属（*Alhagi*）、槐属（*Sophora*）的种为荒漠中盐化草甸的组成者；锦鸡儿属（*Caragana*）在本区域种类甚多，形成草原灌丛；银砂槐（*Ammodendron bifolium*）仅出现于西部荒漠中；岩黄耆属（*Hedysarum*）与蒙古沙冬青的灌木则仅出现于东部荒漠中。铃铛刺（*Halimodendron halodendron*）形

成广布的盐生灌丛。黄耆属与棘豆属（*Oxytropis*）是山地草甸的主要成分。蔷薇科除绵刺（*Potaninia mongolica*）为荒漠的建群种外，还有蔷薇属（*Rosa*）、委陵菜属（*Potentilla*）与蒙古扁桃（*Amygdalus mongolica*）等，主要作用在山地灌丛与草甸中。十字花科一般不具建群作用，但在荒漠植被中以荒漠区（尤其是西部）特有的许多属种形成特殊的早春短生植物层片；在东部则为一年生夏雨营养的沙芥属（*Pugionium*）的种。莎草科的属种在荒漠植被中不显著，仅西部沙漠中的薹草属（*Carex*）二种形成类短生植物层片具较大意义；但在本区域的高山的草甸形成者，以嵩草属（*Kobresia*）与薹草属的种起主要建群作用；在沼泽与沼泽草甸中薹草属、藨草属（*Scirpus*）、莎草属（*Cyperus*）亦为主要组成者。蓼科的沙拐枣属具有沙漠植被的许多建群种或重要伴生种，木蓼属（*Atraphaxis*）亦常见于荒漠中；蓼属（*Polygonum*）、大黄属（*Rheum*）为山地草甸的显著成分。此外，伞形科的阿魏属（*Ferula*）与紫草科的假紫草属（*Arnebia*）、鹤虱属（*Lappula*）在荒漠植被中亦有一定作用，但其他属种在山区为多。

特别应当提到的是柽柳科31种与藜科32种，它们虽种数不多，却含有荒漠植被的重要建造者。如柽柳科的琵琶柴属的种是半灌木荒漠的重要建群种；柽柳属是荒漠中盐生灌丛最主要的组成者，在荒漠区有最广泛的发育。藜科的白刺属与霸王属的种也是灌木荒漠或盐生灌丛的重要建群种。这两个科都属于古地中海区起源。

荒漠的生态条件极为严酷，夏季炎热干燥，7月份平均气温可达40℃；日温差大，有时可达80℃；年降水量少于250mm，在我国新疆的若羌年降水量仅有19mm；多大风和尘暴，物理风化强烈；土壤贫瘠。荒漠的显著特征是植被十分稀疏，而且植物种类非常贫乏，有时100m²中仅有1~2种植物，但是植物的生态–生物型或生活型却是多种多样的，如超旱生小半灌木、半灌木、灌木和小乔木等，正因为如此，它们才能适应这严酷的生态环境。荒漠植物的叶片极度缩小或退化为完全无叶，植物体被白色茸毛等，以减少水分的丧失和抵御日光的灼热。有的植物体内有贮水组织，在环境异常恶劣时，靠体内的水分维持生存；它们的根系极为发达，以便从广而深的土层范围内吸收水分。还有一些植物是在春雨或夏秋降雨期间，迅速生长发育，在旱季或冬季到来之前，完成自己的生活周期，以种子（短命植物）或根茎、块茎、鳞茎（称为类短命植物）度过不利的植物生长季节。因此，水在荒漠中是极为珍贵的，荒漠植物的一切适应性都是为了保持植物体内的水分收支平衡。

必须指出的是，荒漠植物是指荒漠条件下能生存的植物。多数荒漠植物是抗旱或抗盐的植物。有些根、茎、叶里存水；有些具有庞大的根茎系统，可以达到地下水层，拦住土壤，防止水土流失；有些有较大的茎叶，可以减低风速，保存沙土。我国荒漠植被的建群植物是以超旱生的小半灌木与灌木的种类最多，如猪毛菜属、假木贼属、碱蓬属、驼绒藜属、盐爪爪属、合头草（*Sympegma regelii*）、戈壁藜（*Iljinia regeli*）、霸王（*Zygophyllum xanthoxylon*）、泡泡刺（*Nitraria sphaerocarpa*）、沙拐枣属、麻黄属等种类。

荒漠地区的植物在地球上历尽沧桑，通过自然界选择、优胜劣汰，在长期的进化演替过程中，形成了适应特殊环境条件的能力，表现出对荒漠环境的多种适应方式和适应特性。荒漠植物适应荒漠特殊生境的一般规律表现在：适应能力强（除对气候干旱，高温、日灼等的适应外，许多植物对土壤贫瘠、盐碱，对风蚀、沙打沙割、沙埋等的适应和忍耐性能也很强）；结实量大、易更新繁殖（繁殖材料可大量获得，包括有性繁殖和无性繁殖，或具根茎相互转化的功能、具有克隆或可平茬复壮的特性）；枝叶特化、根系发育特殊（叶片小或退化以同化枝来进行光合作用，或多浆茎、叶储水保水；根系生长迅速，深根性或水平根发达），生长稳定，长寿或短时间完成生活史（短期生植物，亦称短命植物或短生植物）等。

《内蒙古植被》（1985）称：荒漠是由强旱生（即比草原植物更加耐旱）的植物为主所组成的植被。荒漠是在不同的地理条件下，由不同的植物生活型组成的若干植被类型的总称（荒漠为一植被型组）。《中国大百科全书》（1991）中对荒漠和荒漠植物是这样描述的：荒漠是植被稀少或缺如的干旱地区，一般年平均降水量在250mm以下；《辞海》（1947）认为：荒漠植物，因供水量少而具有一系列超旱生的生态学特性。《内蒙古植被》中写到：荒漠植被是指地球上旱生性最强的一组植物群落类型的总称，主要分布于干旱气候区内，具有明显的地带性特征。生态学上通常称荒漠植物为超旱生（或强旱生）植物，以矮化的木本、半木本或肉质植物为主，形成稀疏的植物群落。显而易见，这里所说荒漠植物则成为超旱生或强旱生植物的代名词，也成为一种生态类型。

从上述分析和本卷收录荒漠植物中可以看出，我国荒漠植物的主要建群物种或具有代表性的物种，在植物园多有栽培，这不仅实现了对荒漠植物的迁地保护，也为开展科普宣传教育提供了活植物的展示。

三、我国荒漠植物的引种与栽培

我国荒漠植物引种栽培的历史虽早但又很晚。本卷收入的桑树（*Morus alba*）原产我国中部和北部，引入西北直至新疆广泛栽培，历史悠久。

随着丝绸之路的开辟，中原地区的蚕丝技术逐渐西传，最先传入新疆。据《魏书·高昌传》记载：高昌（吐鲁番）"宜蚕"，于阗（和田）有桑麻，焉耆"养蚕不以为丝，唯充锦纩（即绵絮），据唐玄奘在《大唐西域记》中记述：和田为了得到中国内地蚕桑之种，和田王"卑辞下礼，求婚东国"。由中国公主将其带至和田。这些传说与英人斯坦因在1901年和田县的屋于克来（旧称丹丹乌里克）遗址中发现的版画可相印证。从上述历史记载和考查发现来看，蚕丝技术传入新疆约在公元2~3世纪之际。到南北朝时，新疆不但传输内地的丝物产中，首先提到的是丝绸，本地也能生产丝绸了，高昌、龟兹（今库车）、疏勒、于阗等地的丝织手工业逐渐兴起，织锦前冠有西域地名，如"丘慈锦"，"高昌所做丘慈锦""疏勒锦"等，可以作为证据。这个时期把中西亚流行的纹样和"纬线显花"工艺，也从毛织品中发展到丝织工艺中来，该类产品在吐鲁番出土不少（陈修身，1987）。

汉代已有纸张传入新疆，主要依据为1844年罗布泊汉代古烽燧遗址出土一块"麻质、白色，方形薄片"的纸张。桑皮纸是新疆古老的纸张，但造纸术具体何时传入新疆并无定论。从考古出土的文物材料中可以看出，最晚到魏晋南北朝时期，造纸术已传入高昌，唐代传入于阗。根据考古出土的文物来看，隋唐时期新疆已出现桑皮纸，唐代在和田地区已存有造纸业。1908年，斯坦因在和田策勒县麻扎塔格寺院遗址发现的纸本寺院记账文书，上面的内容中记载了在当地买纸张的情况。1975年，吐鲁番哈拉和卓古墓出土的文书纸，经专家确定为桑皮纸（张小云 等，2014）。

新疆处于我国西北，维吾尔族聚居于新疆南部和东部，气候炎热，水土资源丰富，适于种植桑树。这为新疆维吾尔族人民进行"植桑养蚕"和制造桑皮纸提供了原料保障。桑树并逐渐成为干旱荒漠地区经济利用、庭院绿化、绿洲生态防护的重要造林树种之一。

尼雅遗址是汉晋时期精绝国故址，年代为公元前2世纪至公元5世纪。尼雅遗址是汉晋时期西域"丝绸之路"南道上的一处东西交通要塞，位于新疆和田地区民丰县以北约100km的塔克拉玛干沙漠南缘，尼雅河下游尾闾地带。其间散落房屋居址、佛塔、寺院、城址、冶铸遗址、陶窑、墓葬、果园、水渠、涝坝等各种遗迹约百余处（360百科，2016）。斯坦因在《尼雅河尽头以外的古遗址》考古报告记述："一些枯萎了的果树树干，一小簇一小簇地从流沙层中露了出来，它表明这里曾是一处果园。其中残存的果树，那些挖掘工人毫不费力地就辨认出它们是桃树、杏树、桑树、沙枣树等，因为这些都是他们家中所常见的树木"（王茜，2001）。

上述考古证据说明桑树和荒漠植物沙枣的栽培有近2000年的历史，也从另一方面反映古丝绸之路对我国植物引种驯化所产生的巨大影响。

我国荒漠植物引种驯化、迁地栽培主要还是从新中国成立后随着治沙工作逐渐开展起来的。在我国最早开展固沙植物选引并对其特性进行系统研究的工作，是在1952年成立的中国科学院林业土壤所章古台工作站和辽宁省章古台固沙造林试验站进行的。他们开始选用乡土树种小叶杨（*Populus simonii*）、旱柳（*Salix matsudana*）、榆（*Ulmus pumila*）和桑进行造林固沙。后又引种13种沙生植物，终于筛选出差巴嘎蒿（*Artemisia halodendron*）、小叶锦鸡儿（*Caragana microphylla*）、胡枝子（*Lespedeza bicolor*）、黄柳（*Salix gordejevii*）、紫穗槐（*Amorpha fruticosa*）等5种固沙植物为该沙地的优良固沙灌木（韩树棠 等，1958）。辽宁省章古台毕竟属于半湿润的沙地，真正引种的荒漠植物也就是白榆一种。从1956年起，宁夏中卫铁路防沙工作站也开展了固沙植物引种工作。该站于1958—1960年，首次大批从苏联中亚引入了梭梭柴（*Haloxylon ammodendron*）、白梭梭（*H. persicum*）、乔木状沙拐枣、头状沙拐枣和巴氏碱柴（*Salsola palozkiana*）、李氏碱柴（*S. richteri*）等6种优良固沙植物，成为我国引种国外荒漠植物的先例。经过造林试验淘汰了4种，只保留了乔木状沙拐枣和头状沙拐枣。这两种固沙植物以后又被广泛推广到新疆、甘肃、内蒙、陕西等省（自治区）（李鸣风 等，1960）。

自1959年起，我国西北及内蒙古六省（自治区）的各种类型的治沙站点，依据科研人员对沙漠植物考察提供的资料，如内蒙古西部及甘肃河西走廊提到的沙生植物116种（包括从苏联引入的6种），新疆提到的有34种固沙植物，内蒙古提到的固沙灌木也有30多种，对数十种野生的沙漠植物进行了引种育苗和固沙造林的试验工作。经过长期努力，先后筛选出适合各沙区的一批优良固沙植物。这些固沙植物中属于荒漠植物的是：胡杨、沙枣（*Elaeagnus oxycarpa*）、梭梭柴、白梭梭、小叶锦鸡儿、柠条锦鸡儿、花棒、沙拐枣、柽柳、老鼠瓜、沙柳、沙蒿等。通过多年对育苗技术、造林技术、抚育管理及病虫害防治等项技术的深入研究，已经较全面地掌握了它们的特性和繁殖栽培方法，先后在许多书刊上介绍了这方面的科研技术资料。上述植物的多数种类，也都收编入《中国主要树种造林技术》《治沙造林学》等专著内。这为今后更好地推广利用、扩大栽培范围提供了科学依据（潘伯荣，1987）。

这里特别要说明的是，民勤沙生植物园、吐鲁番沙漠植物园，以及内蒙古磴口沙生植物园和塔中沙漠植物园等的前身都是"治沙站"，都是在开展防风治沙工作中，通过在引种选择优良固沙植物的基础上建立的植物园。由此可见，我国荒漠植物引种驯化和迁地栽培是与荒漠植物的应用密不可分，从某种意义上讲，我国的沙漠治理与风沙灾害防治推动了荒漠植物的引种驯化和迁地栽培。

四、荒漠植物的利用价值

植物资源按用途划分为：食用、药用、工业用、防护与改造环境用及种质资源五大类（吴征镒 等，1983）。其中：

①食用植物资源，包括直接和间接（饲料、饵料或通过加工后）食用植物，可分为：淀粉糖料；蛋白质；油脂；维生素；饮料；食用香料色素；植物性饲料、饵料和蜜源植物。

②药用植物资源，包括中草药（特别是民族植物药）；化学药品原料植物；兽用药和植物性农药。

③工业用植物资源：包括木材资源；纤维资源；鞣料资源；芳香油资源；植物胶资源；工业用油脂资源；经济昆虫的寄生植物和工业用植物性染料。

④防护和改造环境用植物资源：包括防风固沙植物；改良环境植物；固氮增肥、改良土壤植物；绿化美化保护环境植物和监测和抗污染植物。

⑤种质资源植物，包括各种抗逆性强（耐旱、耐高温、耐强辐射、抗寒、耐盐碱）、高光合效率、具特殊次生代谢化合物（芳香油、生物碱等）的植物遗传基因，以及珍稀特有的植物资源。

许多植物同时具有多种用途。以下按上述植物资源用途划分的五大类型分别简介主要的荒漠种子植物资源（简称沙区植物资源）的不同用途。

1. 食用植物资源

沙区食用植物资源最为丰富，我国著名的五大牧区都在中国的沙区分布省、自治区（新疆、内蒙古、青海、甘肃、宁夏），其中饲用植物在食用植物中所占数量最大，有饲用价值的植物约1800种（张强 等，1998）。尤其饲用价值很高的禾本科和豆科的主要牧草种类，如赖草属、雀麦属（*Bromus*）、羊茅属（*Festuca*）、披碱草属、大麦属（*Hordeum*）、苜蓿属（*Medicago*）、黄耆属、棘豆属、野豌豆属（*Vicia*）、草木樨属（*Melilotus*）等。能为人直接或间接食用的植物还有淀粉植物、油料植物、果类植物、食用色素植物和蜜粉源植物。直接可供人食用的植物（包括根、茎、叶、花、果）种类并不多，较为突出的是沙枣，其果实富含淀粉和糖类，还有止泻的药用功能，在甘肃河西走廊和新疆南部沙漠地区是老乡喜食的干果。间接可供人食用的植物较多（表4）。

表4 荒漠地区部分食用植物资源

植物名称	学名	生活型	利用部位	用途
白桑	*Morus alba*	乔木	果实，叶	椹果鲜食，叶饲蚕；霜后叶药用
沙枣	*Elaeagnus* spp.	乔木	果实，花	果含淀粉，蜜源；薪材资源
白榆	*Ulmus pumila*	乔木	果实	幼嫩果实食用；防护林树种
沙棘	*Hippophae rhamnoides*	灌木或小乔木	果实	食用、制饮料、提制高级食用油
新疆枸杞	*Lycium dasystemum*	灌木	果实，叶	食用果实和嫩叶
白刺	*Nitraria* spp.	灌木	茎，叶，果	嫩茎叶可食用，果汁富含各种氨基酸
驼绒藜	*Krascheninnikovia latens*	半灌木	茎，叶	嫩茎叶可食用
山柑	*Capparis spinosa*	多年蔓生藤本	种子，花	种子含油33%可食，花芽腌制菜
碱蓬	*Suaeda* spp.	草本、半灌木或灌木	种子	含油脂，可提取亚油酸
椒蒿	*Artemisia dracunculus*	多年生草本	茎，叶	嫩枝叶直接食用或腌制菜
荆芥	*Nepeta cataria*	多年生草本	种子	含芳香油3%，可提芳香油
碱韭	*Allium polyrrhizum*	多年生草本	叶	野菜
沙蓬	*Agriophyllum squarrosum*	一年生草本	种子	含淀粉可食用
灰藜	*Chenopodium album*	一年生草本	幼苗，茎，叶	可食用
甘草	*Glycyrrhiza* spp.	多年生草本	用根茎	甘草甜素
酸枣	*Ziziphus jujuba*	灌木或小乔木	果，花	果肉可食；蜜源
罗布麻	*Apocynum venetum*	小灌木	花	蜜源
柠条锦鸡儿	*Caragana korshinskii*	灌木	花	蜜源，花粉丰富

2. 药用植物资源

药用植物资源是经济植物中最重要的类群，《中国沙漠地区药用植物》（1973）曾收录药用植物356种。我国荒漠区重要药用植物有甘草、麻黄、肉苁蓉、枸杞、锁阳、黄耆等。如果从药理上分，解表药、清热药、止痛药、止咳化痰平喘药、理血药、理气药、祛寒祛风湿药、利尿渗湿（逐水）药、补益药、健胃消食药、镇静息风药、固涩药、驱虫药和外用药均有资源。蒙古族和维吾尔族常用的荒漠植物药，对发掘和继承干旱荒漠区少数民族传统文化知识发挥了重要作用。如蒙古族用沙拐枣

（*Calligonum mongolicum*）全株入药，主治小便混浊、皮肤皲裂；用猪毛菜地上部分治疗高血压。维吾尔族用阿魏割茎获取的乳汁或根，主治食积和胸腹胀痛，阿魏还有活血消痞、祛痰和兴奋神经的作用。两个民族都有用有毒植物骆驼蓬的种子治疗咳嗽，用其全草水煎洗，治疗关节炎的传统经验。

　　药用植物中还有一类是农药植物，《中国有毒植物》（1993）和《中国杀虫植物志》（1993）对我国干旱荒漠区可利用的农药植物有详细介绍，这里只列举少数（表5）。开发这类药用植物资源来防治农作物的病虫害，可减少对坏境的污染，从生态保护的意义考虑，应大力提倡利用。

表5　荒漠地区部分药用植物资源*

植物名称	学名	生活型	药用部位	用途
沙地柏	*Sabina vulgaris*	灌木	用枝叶	祛风湿，活血止痛，治皮肤瘙痒
麻黄	*Ephedra* spp.	常绿小灌木	用枝	发汗，镇咳平喘
白榆	*Ulmus pumila*	乔木	用皮	安神，利尿
两栖蓼	*Polygonum amphibiu*	多年生草本	用全草	清热利尿，祛风除湿
萹蓄	*Polygonum aviculare*	一年生草本	用全草	利尿通淋，清热消炎，杀虫止痒；制农药的原料
水蓼	*Polygonum hydropiper*	一年生草本	用全草	有小毒！可作杀虫剂
灰藜	*Chenopodium album*	一年生草本	用全草	杀虫，利水通淋，除湿
猪毛菜	*Salsola* spp.	一年生草本	用地上部分	清热凉血，降血压
山柑	*Capparis spinosa*	半灌木	用根皮、叶和果	祛风，散寒，除湿
抱茎独行菜	*Lepidium perfoliatum*	1-2年生草本	用种子	行水消肿，镇咳平喘
遏蓝菜	*Thlaspi arvense*	一年生草本	用幼苗和种子	种子可强筋骨，利肝明目，止血，全草能和中开胃
鹅绒委陵菜	*Potentilla anserina*	多年生草本	用根和全草	根健脾胃，益气补血，全草解痉收敛，止血
黄耆	*Astragalus* spp.	一年或多年生草本	用根	补气固表，利尿，托疮
骆驼刺	*Alhagi sparsifolia*	多年生草本	用叶分泌的糖	滋补，涩肠止痛
蒙古沙冬青	*Ammopiptanthus mongolicus*	灌木	用地上部分	有毒！舒筋活血，止痛，煎汤外洗治冻伤
甘草	*Glycyrrhiza* spp.	多年生草本	用根茎	清热解毒，润肺止咳，调合诸药
多叶棘豆	*Oxytropis myriophylla*	多年生草本	用全草	清热解毒，消肿，祛风湿，止血
苦豆子	*Sophora alopecuroides*	多年生草本	用全草和种子	清热解毒、消炎止痢，种子治胃痛；干馏油治湿疹
白刺	*Nitraria* spp.	灌木	用果实	健胃消食、安神解表、滋补壮阳、调经活血等

植物名称	学名	生活型	药用部位	用途
骆驼蓬	*Peganum harmala*	多年生草本	用种子和全草	有毒！止咳、解毒、祛黄水，解郁补脑、止痢、通经
蒺藜	*Tribulus terrestris*	一年生匍匐草本	用果实	疏肝理气，祛风明目，活血，止痒
多枝柽柳	*Tamarix ramosissima*	灌木或小乔木	用嫩枝叶	发表，透疹，利尿，祛风湿
沙棘	*Hippophae rhamnoides*	灌木或小乔木	用果实	止咳祛痰、消食化带、活血散瘀；保健饮料的原料
锁阳	*Cynomorium songaricum*	多年寄生草本	用全草	补肾壮阳，益精养血，润肠通便
阿魏	*Ferula* spp.	多年类短生草本	用树脂或根	健胃消食，驱风散寒，消积，祛湿、通经、杀虫、清热
罗布麻	*Apocynum venetum*	多年生草本	用叶	清热解毒，降血压
大花白麻	*Poacynum hendersonii*	多年生草本	用叶	清热解毒，降血压
合掌消	*Cynanchum kashgaricum*	多年生草本	用根	祛风解毒，行气消肿
戟叶鹅绒藤	*Cynanchum sibiricum*	多年生缠绕藤本	用全草	治痢疾和腹泻
假紫草	*Arnebia guttata*	多年生草本	用根和根茎	清热，止血
鹤虱	*Lappula* ssp.	一年或越年生草本	用果实	驱虫药及治虫积腹痛
夏至草	*Lagopsis supina*	多年生草本	用全草	活血，调经
薄荷	*Mentha haplocalyx*	多年生草本	用全草	散风热，清头目
脓疮草	*Panzeria alaschanica*	多年生草本	用全草	治疥疮
天仙子	*Hyoscyamus niger*	二年生草本	用根、叶	有毒！镇痛解痉，镇咳药及麻醉剂
新疆枸杞	*Lycium dasystemum*	灌木	果实、根、嫩叶	滋肝补肾，益精明目；地骨皮凉血清热
肉苁蓉	*Cistanche deserticola*	多年生寄生草本	用未开花的全草	温肾壮阳，润肠通便，健脑安神
管花肉苁蓉	*Cistanche tubulosa*	多年生寄生草本	用未开花的全草	补精血，益肾壮阳，润肠通便
列当	*Orobanche coerulescens*	一年生寄生草本	用全草	补肾助阳，止泻
车前子	*Plantago* spp.	一年或多年生草本	用种子和全草	清热利尿，祛痰，凉血，解毒
新疆亚菊	*Ajania fastigiata*	多年生草本	用地上部分	除风散寒，除湿
黄花蒿	*Artemisia annua*	一年生草本	用全草	清热解暑，治疟
龙蒿	*Artemisia dracunculus*	多年生草本	用全草	发汗，治腹胃寒痛
大籽蒿	*Artemisia sieversiana*	二年生草本	用全草	消炎、止血、止咳，用于咽喉和肺部疾病

（续）

植物名称	学名	生活型	药用部位	用途
蓟	*Cirsium* spp.	多年生草本	用全草	凉血止血，解毒消肿，利尿
欧亚旋覆花	*Inula britannica*	多年生草本	用花和全草	消痰行水，降气止噫
沙旋覆花	*Inula salsoloides*	多年生草本	用花	消炎，止痢
大翅蓟	*Onopordum acanthium*	二年生草本	用果实	清热解毒，消炎
蒲公英	*Taraxacum* spp.	多年生草本	用全草	清热解毒，利水消肿
芨芨草	*Achnatherum splendens*	多年生草本	用鲜叶、茎和花	清热，利尿
马蔺子	*Iris lactea*	多年生草本	用种子	杀虫，解痉，解毒，助消化

*摘引自吴正主编. 2009. 中国沙漠及其治理.

3. 工业用植物资源

我国干旱荒漠区木材的来源多是依靠人工栽植的各种乔木，通过用材林的营造和防护林的更新与间伐来解决，如各种杨树、柳树等。纤维植物的种类与资源量较多，多用于造纸工业，其中禾本科植物较为突出，就纤维形态和性能来说，有的非木材纤维优于或相当于木材纤维，有的虽然次于木材纤维，但经适当的工艺处理后，可以克服某些缺点而合乎造纸的要求。用于纺织工业的主要植物资源还是罗布麻和白麻。芦苇有较多生态型，湿地生长的芦苇生物量大，其用途较广，特别是作为机械沙障的防护材料，在塔里木沙漠公路上发挥出重要作用。富含单宁原料和可提取栲胶的植物也较多，还有香料及染料植物资源等（表6），其中，干旱荒漠区广泛分布的菊科、伞形科和唇形科中的许多精油植物，可用于食品调味、调制香水等化妆用品或用于医药工业。

表6　荒漠地区部分工业用植物资源*

植物名	学名	生活型	用途
银白杨	*Populus alba*	乔木	木材资源
银灰杨	*Populus canescens*	乔木	木材资源
胡杨	*Populus euphratica*	乔木	木材资源
灰杨	*Populus pruinosa*	乔木	木材资源
柳	*Salix* spp.	灌木或乔木	木材资源，编织材料
白榆	*Ulmus pumila*	乔木	木材资源，树皮可代麻用
桑树	*Morus* spp.	乔木	木材资源，制作民族乐器，桑皮造纸
碱蓬	*Suaeda glauca*	一年生草本	种子含工业用油，全株含碳酸钾，化工原料
银砂槐	*Ammodendron bifolium*	灌木	染料资源
甘草	*Glycyrrhiza* spp.	多年生草本	香烟添加料、蜜饯香料、甜草素
罗布麻	*Apocynum venetum*	多年生草本	纤维资源，造纸、纺织、编织等原料；蜜源
沙枣	*Elaeagnus* spp.	乔木	薪材资源，植物胶

（续）

植物名	学名	生活型	用途
白麻	*Poacynum pictum*	多年生草本	纤维资源，造纸、纺织、编织等原料；蜜源
大叶白麻	*Poacynum hendersonii*	多年生草本	纤维资源，造纸、纺织、编织等原料；蜜源
薄荷	*Mentha haplocalyx*	多年生草本	含薄荷脑，添加于糖果、饮料、牙膏，食用
天仙子	*Hyoscyamus niger*	二年生草本	种子油可制香皂
黑果枸杞	*Lycium ruthenicum*	灌木	果含色素，染料资源
沙地粉苞苣	*Chondrilla ambigua*	多年生草本	可提取橡胶的原料植物
芨芨草	*Achnatherum* spp.	多年生草本	纤维资源，造纸、编织等原料
沙生蔗茅	*Erianthus ravennae*	多年生草本	纤维资源，优良的造纸原料，编织和建筑材料
芦苇	*Phragmites australis*	多年生草本	纤维资源，优良的造纸原料，编织和建筑材料

*摘引自吴正主编. 2009. 中国沙漠及其治理.

4. 防护和改造环境用植物

自然生长的每一种植物对于荒漠生态系统的维护与稳定都发挥着积极作用，俗话说"寸草遮丈风"，在特殊地段或沙漠治理前期所采用"草方格"机械沙障进行防沙固沙就是这个道理。我国科技工作者从20世纪50年代开始就注重固沙植物的调查、引种，选出一批适用于我国不同沙区治理的优良固沙植物，并掌握了这些植物的基本特性和种植技术（潘伯荣，1982；高尚武，1988）。荒漠植物千姿百态，花色种类繁多，花期各异，很多植物可用于美化环境，可供沙区城镇园林建设中选用；而木本植物的生物量大，作用相对突出（表7）。大多数豆科植物以及一些非豆科植物具有固氮增肥、改良土壤的作用。

表7　荒漠地区部分防护和改造环境用木本植物*

植物名	学名	生活型	用途
沙地柏	*Sabina vulgaris*	灌木	固沙造林，药用
银灰杨	*Populus canescens*	乔木	绿化造林
胡杨	*Populus euphratica*	乔木	绿化造林
灰杨	*Populus pruinosa*	小乔木	绿化造林
沙柳	*Salix mongolica*	乔木	绿化造林树种
白榆	*Ulmus pumila*	乔木	造林与观赏，树皮可代麻用
沙拐枣	*Calligonum* spp.	灌木	优良固沙植物；观赏，薪材，饲用，蜜源
梭梭	*Haloxylon* spp.	小乔木	优良固沙植物；饲用，薪材
蒙古扁桃	*Amygdalus mongolica*	灌木	固沙植物，绿化观赏
骆驼刺	*Alhagi sparsifolia*	半灌木	优良固沙植物，固氮，饲用
柠条锦鸡儿	*Caragana korshinskii*	灌木	优良固沙植物；观赏，固氮
小叶锦鸡儿	*Caragana microphylla*	灌木	优良固沙植物；观赏，固氮

（续）

植物名	学名	生活型	用途
花棒	*Hedysarum scoparium*	灌木	优良固沙植物，观赏，固氮
柽柳	*Tamarix* spp.	灌木	优良固沙植物；饲用，薪材，观赏，蜜源
沙枣	*Elaeagnus* spp.	乔木	绿化造林；薪材资源；产植物胶，叶饲用

*摘引自吴正主编. 2009. 中国沙漠及其治理.

5. 种质资源植物

随着国内外生物技术的迅猛发展，极端环境条件下的特殊生物资源倍受世界各国的重视，成为种质资源研究的热点之一。如耐盐碱植物、短生植物等，人们期望从中得到特殊产物和特殊功能基因，促进科学和社会经济的发展。

沙区种质资源植物包括各种抗逆性强（耐旱、耐高温、耐强辐射、抗寒、耐盐碱）、高光合效率、具特殊次生代谢化合物（芳香油、生物碱等）的植物遗传基因，以及珍稀、特有的植物资源和作物近缘种植物资源。高光效短生植物是指发育周期短，在春季或夏初的短时间里迅速完成生命周期的一类特殊生态型植物，也是我国荒漠区系中是十分独特而重要的类群。这类植物主要分布于中亚、西亚、北非州和北美等地区的荒漠地带，尤以中亚地区物种最为丰富。我国短生植物类群主要分布在新疆准噶尔盆地，共205种及6个变种，隶属于97属27个科，其中百合科和十字花科有30多种，紫草科、菊科、豆科、伞形科、禾本科为10~16种，其余各科所含的种都很少（毛祖美 等，1994）。荒漠地区珍稀、特有的植物资源是指单科、单（寡）种属植物、古老的孑遗植物、中国特有或半特有植物、分布狭窄或濒临灭绝的植物等特殊成分（潘伯荣，1998）。植物保护的目的，就是为了更好地永续利用。因而正确而全面地评价珍稀濒危植物资源的现状及其科研和利用价值，合理开发应用，积极扩大它们的栽培范围和种植面积，可以更好地促进保护工作（潘伯荣，1991）。

广义的种质资源植物则应包括所有自然分布的荒漠植物种类。

五、荒漠植物的保护与合理利用

干旱荒漠地区生态环境脆弱，植物资源应重点保护。合理利用的途径应该是变砍伐和挖掘野生植物资源为人工种植。无论是用作薪材、药材或饲草，都应利用生态恢复和退耕还林还草的机会进行集约种植。大多植物的种植技术都已掌握，通过科学的管理和采挖，可实现生态效益和经济效益兼得的效果。我国荒漠地区自然生长的或天然分布的植物资源中，已有部分植物开始大量人工栽培（产业化栽培），如甘草、麻黄、肉苁蓉等，这些具独特经济价值的种类，中外闻名，通过大量栽种后利用，不仅可为国家换取大量外汇。还有利对沙漠生境和野生植物资源的保护，这应是今后合理开发利用干旱荒漠地区植物资源的方向。

荒漠灌木薪炭材的发热量大，如"荒漠活煤"梭梭，以及柽柳和沙拐枣的发热量都近同原煤（刘铭庭，1995），是传统的薪炭用材。过去不合理的乱砍滥伐，造成植被严重退化，沙丘活化，成为沙尘暴的物质来源地。为加强对梭梭天然植被的保护，各地已建立（在建或待建）相应自然保护区，如新疆的甘家湖梭梭林自然保护区（国家级，1983年建立）、内蒙古的乌拉特（努登）梭梭林自然保护区（省区级，1985年建立）、青海的巴隆自然保护区（省区级，1998~2000年建立）和阿木尼克自然保护区（地州级，1998—2000年建立）。保护区的建立不仅保护了自然分布的梭梭，同时保护了梭梭荒漠的生物多样性，也是对寄生在梭梭上的植物–肉苁蓉的保护。而大面积人工种植可平茬复壮的柽柳属和沙拐枣属灌木，通过合理的轮流采伐，作为可更新的生物能源大量地发展，是解决未来能源危机的一个方向。

　　荒漠植物资源的保护应是全方位、多种方式的工作。就地保护是以保护区的建立、生态保护或恢复工程的实施、以及立法限制；迁地保护则是依靠植物园及其相关的科研技术单位，并非仅靠选定一批保护植物名录，通过法律、法规的手段来控制，合理地利用才能达到有效保护的目的。加强保护荒漠植物重要性的宣传和教育工作，引导干旱沙漠地区广大群众在沙漠化防治和退耕还林还草工作中，积极与科学的栽培那些资源价值高的荒漠植物，这才是合理利用的有效途径。

　　本书收入的荒漠植物物种数量仅约为我国荒漠种子植物的1/10，虽然相关植物园引种栽培的物种不止这个数量，因缺乏系统资料无法收编，同样也说明植物园在我国荒漠种子植物引种驯化、迁地栽培、有效保护与合理利用方面的工作还任重道远。

裸子植物门
GYMNOSPERMAE

仅1属。

麻黄属
Ephedra Tourn ex L.

世界约40种；我国有12种4变种；迁地栽培5种。

分种检索表

1a. 球花多数密集于节上或总梗上；雌球花成熟时苞片具棕褐色宽膜质翅；种子2～3粒，珠被管较
　　长，直立，顶端微弯；叶片3少2枚·······························4. **膜翅麻黄 *E. przewalskii***
1b. 球花少数，单极少3～4朵生总梗上；雌球花成熟时，苞片变成橘红色、肥厚、肉质"浆果状"；种
　　子2少1粒；叶片2极少3枚。
　　2a. 雌球花含2种子
　　　　3a. 珠被管多回弯曲，长3～6mm，小枝较粗，节间较长。
　　　　　　4a. 小枝浅灰蓝色，密被蜡粉，光滑·······························2. **蓝枝麻黄 *E. glauca***
　　　　　　4b. 小枝淡绿色，极粗糙或微光滑·······························3. **中麻黄 *E. intermedia***
　　　　3b. 珠被管直或1回弯，长约2mm，植株通常矮小，小枝细·················5. **草麻黄 *E. sinica***
　　2b. 雌球花含单粒极少2粒种子，常无梗或具极短的梗；小地灌木·········1. **木贼麻黄 *E. equisetin***

1
木贼麻黄

别名： 木麻黄、山麻黄

Ephedra equisetina Bge. in Mem. Acad. Sci. St. Petersb. ser. 6 (Sci. Nat.) 7: 501. 1851.

自然分布

分布河北、山西、内蒙古、陕西、甘肃、新疆等省区。生于干旱地区的山脊、山顶及岩壁等处。高加索、中亚、西伯利亚、蒙古等地也有。

迁地栽培形态特征

常绿灌木，高0.5～1m。

🌿 茎皮纵深沟，后不规则纵裂。茎基部粗约1cm；上年生枝淡黄色，径约1.5～2mm，节间长2～3cm；当年生小枝淡绿色，纤细，径约0.5～1mm，节间长1～3cm，光滑，具浅沟纹。

🍃 叶2枚，连合成鞘筒，长1.5～2mm，浅裂；裂片短三角形，顶端钝或稍尖。

🌸 雄球花单生或几枚簇生于节上，无梗或具短梗，卵形，苞片3～4对，基部约1/3合生；雌球花窄卵形，通常2，对生，苞片3对，最上1对2/3合生，成熟时苞片肉质，红色或鲜黄色，具狭膜质边。

🟤 种子常为1粒，棕褐色，光滑而有光泽，狭卵形或狭椭圆形，长约5～6mm，径约2～2.5mm，顶端略成颈柱状，基部钝圆，具明显点状种脐与种阜。

引种信息

吐鲁番沙漠植物园　1985年从新疆乌鲁木齐引进种子（引种号19850005），1986年育苗。生长速度中等，长势一般。

物候

吐鲁番沙漠植物园　3月中旬展叶；3月中旬现花蕾，4月上旬始花，4月中旬盛花、末花；4月下旬初果，6月上旬果熟，8月中旬果落。

迁地栽培要点

喜光、抗寒、抗旱、耐热、喜排水良好的沙砾质土壤。种子繁殖。

主要用途

新疆Ⅰ级保护植物。药用能发汗，散寒，平喘，利尿，主治风寒感冒，支气管哮喘，支气管炎，水肿等；根主治自汗，盗汗；有毒、植化原料（麻黄碱）；固沙造林；保持水土、荒山荒地绿化。

植株

果枝

绿果

小枝

种子

果实

2

蓝枝麻黄

别名： 蓝麻黄、灰麻黄

Ephedra glauca Regel in Acta Horte Pettop. 6: 480 et 484, 1880.

自然分布

分布新疆、青海、甘肃和内蒙古。生于前山荒漠砾石阶地、黄土状基质冲积扇、冲积堆、干旱石质山脊、冰积漂石坡地、石质陡峭山坡，海拔1000～3000m。吉尔吉斯斯坦和塔吉克斯坦也有。

迁地栽培形态特征

常绿灌木，高20～50cm。

茎 茎基部粗约1cm，直立或具斜上升的小枝；皮淡灰色或淡褐色，条状剥落。上年枝淡黄绿色，从节上对生或轮生出当年生小枝；当年生枝几相互平行向上，淡灰绿色，密被蜡粉，光滑，具浅沟纹。

叶 叶片2枚，4/5连合成鞘，长1.5～2mm，形成狭三角形或狭长圆形叶片，顶端钝或渐尖。

花 雄球花椭圆形或长卵形，无柄或具短柄，对生或轮生节上；雌球花长圆状卵形，无柄或具短柄，对生或几枚成簇对生；苞片3～4对，交互对生，草质，淡绿色，具白膜质边缘，成熟时红色，后期微发黑。

果 种子2粒，不露出，椭圆形，长约5mm，宽约2mm，灰棕色，背部凸，腹面平凹；种皮光滑，有光泽；珠被管长2～3mm，螺旋状弯，顶端具全缘浅裂片。

引种信息

吐鲁番沙漠植物园 2008年从新疆伊吾县苇子峡乡公益林保护区引进种子（引种号zdy168），2009年育苗。生长速度中等，长势一般。

物候

吐鲁番沙漠植物园 3月中旬展叶；3月中旬现花蕾，4月上旬始花，4月中旬盛花、末花；4月下旬初果，6月上旬果熟，8月中旬果落。

迁地栽培要点

喜光、抗寒、抗旱、耐热、喜排水良好的沙砾质土壤。种子繁殖。

主要用途

新疆 I 级保护植物。药用同木贼麻黄。有毒，食用，植化原料（麻黄碱）；可保持水土、荒山荒地绿化。

植株

雄球花

种子

果实

果枝

3

中麻黄

Ephedra intermedia Schrenk ex Mey. in Mem. Acad. Sci. St. Petersb. ser. 6 (Sci. Nat.), 5: 278 (Vers. Monogr. Gatt. Ephedra 88). 1846.

自然分布

分布辽宁、河北、山东、内蒙古、山西、陕西、甘肃、青海及新疆等省区，以西北各省区最为常见。生于海拔数百米至2000m的干旱荒漠、沙滩地区及干旱山坡或草地上。哈萨克斯坦、吉尔吉斯斯坦和塔吉克斯坦也有。

迁地栽培形态特征

常绿灌木，高40~60cm。

茎 茎粗短，灰色或淡灰褐色，稀部分匍匐状，基部径约1.5cm，多分枝；当年生枝单或少分枝，淡绿色，有细沟纹，粗糙，沿棱脊有细小瘤点状突起。

叶 叶2枚，4/5或2/3连合成鞘筒，长1.5~2mm，顶端钝圆。

花 雄球花球形或阔卵形，内含3~4对花，无梗或具短梗，常2~3个密集于节上成团状；苞片3~4对，交互对生，圆状阔卵形，具膜质边。雌球花卵形，具短梗，生于节上；苞片3~4对，交互对生，草质，淡绿色，成熟时肉质，红色。

果 种子2粒，内藏或微露出，卵形，长约5mm，宽约3mm，顶端钝，背部凸，腹面平凹；种皮栗色，有光泽，背面有皱纹；珠被管螺旋状弯，长2~4mm，顶端具全缘浅裂片。

引种信息

吐鲁番沙漠植物园 1984年从新疆霍尔果斯引进种子（引种号1984025），1985年育苗，1987年定植。生长速度中等，长势一般。

物候

吐鲁番沙漠植物园 3月中旬展叶；3月中旬现花蕾，4月上旬始花，4月中旬盛花、末花；4月下旬初果，6月上旬果熟，8月中旬果落。

迁地栽培要点

喜光、抗寒、抗旱、耐热、喜排水良好的沙砾质土壤，也能在干旱瘠薄的土壤上生长。种子繁殖。

主要用途

新疆Ⅰ级保护植物。本种是《中华人民共和国药典》收载传统中药麻黄的原植物之一；草质茎和根药用，用途同木贼麻黄；又作提取右旋麻黄素的原料；有毒，植化原料（麻黄碱）；固沙造林；可保持水土、荒山荒地绿化；肉质多汁的苞片可食，根和茎枝在产地常作燃料。

果枝

雄球花

小枝

果枝

果实

植株

4

膜翅麻黄

别名： 膜果麻黄、勃麻黄

Ephedra przewalskii Stapf in Denkschr. Math.-Nat. Kl. Akad. Wiss. Wien 56 (2): 40. T. 1. t. 3. f. 1-6. 1889.

自然分布

分布内蒙古、宁夏、甘肃、青海、新疆。常生于干燥沙漠地区及干旱山麓，多砂石的盐碱土上也能生长，在水分稍充足的地区常组成大面积的群落，或与梭梭、怪柳、沙拐枣、白刺等旱生植物混生。蒙古也有。

迁地栽培形态特征

常绿灌木，高20～50cm。

🌿 茎基部径约1cm；基部多分枝，老枝淡灰色或淡黄色；上年小枝淡黄绿色，从节上对生或轮生出多数当年生枝；当年生枝淡绿色，较细，径约1mm，从节上重复对生或轮生短小枝，小枝末端常呈"之"形弯曲或拳卷。

🍃 叶3或2枚，下部1/2～2/3生成鞘状；裂片三角形，边缘膜质，基部增厚。

🌸 雄球花无梗，密集成团伞花序，淡褐色，苞片3～4轮，每轮3片，中肋绿色，边缘具宽膜质翅；雌球花近圆球形，苞片4～5轮，每轮3片，少2片，扁圆形，中肋绿色，边缘具宽膜质翅，成熟时苞片增大，淡棕色，干膜质。

🍒 种子常3粒，少2粒，长卵圆形，长3～4mm，径约2mm，常3棱或平凸，顶端尖嘴状，背面有细密皱纹。

引种信息

吐鲁番沙漠植物园 2008年从新疆古尔班通古特沙漠引进野生苗（引种号zdy278），当年定植。生长速度较慢，长势较差。

物候

吐鲁番沙漠植物园 3月中旬展叶；3月中旬现花蕾，4月上旬始花，4月中旬盛花，4月下旬末花；4月下旬初果，6月上旬果熟，9月下旬果落。

迁地栽培要点

喜光、抗寒、抗旱、耐热、喜排水良好的沙砾质土壤。种子繁殖。

主要用途

新疆Ⅰ级保护植物。植物根系发达，固沙作用良好；骆驼在冬季少量嗜食，其他牲畜不吃；据资料，骆驼食用后有中毒现象；茎枝可作燃料；全草入药，有发汗，平喘，利尿功用，治伤寒，骨节疼痛，咳嗽，气喘，水肿；根治盗汗。

雄花

雌花

果枝

果枝

雌株

5

草麻黄

别名： 华麻黄

Ephedra sinica Stapf in Kew Bull. 1927: 133. 1927.

自然分布

分布辽宁、吉林、内蒙古、河北、山西、河南及陕西等省区。生于山坡、平原、干燥荒地、河床及草原等处，常组成大面积的单纯群落。蒙古也有。

迁地栽培形态特征

常绿草本状灌木，高40～50cm。

茎 木质茎短或成匍匐状，小枝直伸或微曲，表面细纵槽纹常不明显，节间长2.5～5.5cm，多为3～4cm，径约2mm。

叶 叶2裂，鞘占全长1/3～2/3，裂片锐三角形，先端急尖。

花 雄球花多成复穗状，常具总梗，苞片通常4对，雄蕊7～8，花丝合生，稀先端稍分离；雌球花单生，在幼枝上顶生，在老枝上腋生，卵圆形，苞片4对；雌花2，胚珠的珠被管长1mm或稍长，直立或先端微弯，管口隙裂窄长，裂口边缘不整齐，常被少数毛茸。雌球花成熟时肉质红色，近于圆球形，长约8mm，径6～7mm。

果 种子通常2粒，包于苞片内，不露出或与苞片等长，黑红色或灰褐色，三角状卵圆形，长5～6mm，径2.5～3.5mm，表面具皱纹，种脐明显，半圆形。

引种信息

吐鲁番沙漠植物园 1989年从宁夏沙坡头引进种子（引种号1989010），1990年育苗。生长速度较快，长势良好。

物候

吐鲁番沙漠植物园 3月中旬展叶；3月中旬现花蕾，4月上旬始花，4月中旬盛花、末花；4月下旬初果，6月上旬果熟，8月中旬果落。

迁地栽培要点

喜光、抗寒、抗旱、耐热、适应性强。种子繁殖。

主要用途

为重要的药用植物，生物碱含量丰富，仅次于木贼麻黄。木质茎少，易加工提炼；由于易于采收，因此在药用上所用的数量比木贼麻黄多，是我国提制麻黄碱的主要植物。

雄花

果实

幼果

果枝

植株（花期）

47

被子植物门
ANGIOSPERMAE

杨柳科

Salicaceae

2属。

杨属

Populus L.

世界约100多种；我国约62种（包括6杂交种）；迁地栽培2种。

分种检索表

1a. 短枝叶有明显齿牙；幼苗和根条叶披针形或线形；花盘裂至中部或稍深 ·············· 6. 胡杨 ***P. euphratica***

1b. 短枝叶全缘少有疏齿牙；幼苗和根条叶广椭圆形；花盘只裂至基部 ·············· 7. 灰胡杨 ***P. pruinosa***

6
胡杨

别名： 异叶杨、胡桐、托乎拉克（维吾尔语）

Populus euphratica Oliv. Voy. Emp. Othoman. 3: 449. f. 45-46. 1807.

居群（秋季）

自然分布

分布内蒙古、甘肃、青海、新疆。生于海拔200～2400m的盆地、河谷和平原中。蒙古、中亚、俄罗斯高加索、埃及、叙利亚、印度、伊朗、阿富汗、巴基斯坦等地也有。

迁地栽培形态特征

落叶乔木，高6m左右，水平根分蘖植株多灌丛状或小乔木。野生最高可达20m，胸径约1m。

茎 萌枝细，圆形，光滑或微有茸毛；成年树小枝泥黄色，有短茸毛或无毛，老茎（树皮）淡灰褐色，条裂明显。

叶 苗期和萌枝叶披针形或线状披针形，全缘或不规则的疏波状齿牙缘；其叶形变化大，卵圆形、卵圆状披针形、三角状卵圆形或肾形，先端有粗齿牙，基部楔形、阔楔形、圆形或截形，有2腺点，两面同色；叶柄微扁，约与叶片等长，萌枝叶柄极短，长仅1cm，有短茸毛或光滑。

花 雌雄异株，吐鲁番沙漠植物园曾发现雌雄同株现象。雄花序细圆柱形，长2～3cm，轴有短茸毛，雄蕊15～25，花药紫红色，花盘膜质，边缘有不规则齿牙；苞片略呈菱形，长约3mm，上部有疏齿牙；雌花序长约2.5cm，果期长达9cm，花序轴有短绒毛或无毛，子房长卵形，被短茸毛或无毛，子房柄约与子房等长，柱头3，2浅裂，鲜红或淡黄绿色。其雌雄株开花顺序均表现为树冠顶部花先开放，接着中部、下部依次开放。单个花序上花朵开放顺序是由花轴基部向顶部依次开放的。

果 蒴果长卵圆形，长10～12mm，2～3瓣裂，无毛。

引种信息

吐鲁番沙漠植物园 1972年从新疆吐鲁番采种培育实生苗，并大量种植。1983年从南疆引进野生苗。生长发育良好，能开花结实。

民勤沙生植物园 乡土种。生长发育良好，能开花结实。

物候

吐鲁番沙漠植物园 3月中旬芽萌动，3月下旬展叶；3月上旬现蕾，3月中旬始花、盛花，3月下旬末花；3月底初果，8月中旬果熟、果落、果裂；10月中旬秋叶，10月底落叶，11月中旬叶干枯。

民勤沙生植物园 3月下旬芽萌动，4月下旬展叶；4月中旬始花，4月下旬盛花，5月上旬末花；7月上旬果熟；9月中旬秋叶，10月上旬落叶，11月中旬叶干枯。

迁地栽培要点

喜光，耐盐碱和干旱，对土壤要求不严，耐瘠薄，适应性强，栽培成活率高。管理粗放，无需修剪、中耕除草、追施肥料等常规管理。除植苗外，主要用种子繁殖，也可采取根蘖繁殖，茎枝扦插成活率低。

主要用途

被列入《中国植物红皮书》无危植物。木材耐水蚀，可供建筑、桥梁、农具、家具等用。维吾尔族老乡用大树干做独木船，当地称"卡盆"。木纤维长0.5～2.2mm，平均长1.14mm，也为很好的造纸原料；是干旱区风沙、盐碱地带的绿化或防护林建设的优良树种。树干分泌物称胡杨碱，可药食两用。

雄花序

雌花序

幼果

树皮

种子

胡杨种子

幼果和枝叶

成熟果实

成龄植株

成熟果絮与枝叶

幼叶

成叶-正面

胡杨碱

成叶-背面

叶

7

灰胡杨

别名： 灰杨、灰叶胡杨

Populus pruinosa Schrenk in Bull. Phys. -Math. Acad. Sci. St. Petersb. 3: 210. 1845.

自然分布

分布新疆塔里木盆地，北疆达坂城白杨河出山口和伊犁河谷。生于荒漠河谷河漫滩或水位较高的沿河地带，海拔800~1400m。中亚、伊朗等地也分布。

迁地栽培形态特征

落叶小乔木，高5m左右，水平根分蘖植株呈乔木状。

茎 萌条枝密被灰色短绒毛；小枝有灰色短绒毛。成年树小枝灰白色，有短绒毛或无毛，老茎（树皮）淡灰褐色，下部条裂。

叶 萌枝叶椭圆形，两面被灰绒毛；短枝叶肾脏形，长2~4cm，宽3~6cm，全缘或先端具2~3疏齿牙，两面灰蓝色，密被短绒毛；叶柄长2~3cm，微侧扁。

花 灰叶胡杨均为雌雄异株植物，花单性，柔黄花序，雌、雄性花均为无被花。雄花花药多数且离生，雌花柱头均三裂，雄花花药和雌花柱头为深红色或黄绿色。其雌雄株开花顺序均表现为树冠顶部花先开放，接着中部、下部依次开放。单个花序上花朵开放顺序是由花轴基部向顶部依次开放的。胡杨、灰杨的雌雄花芽形态上有差别，雌花芽短粗，雄花芽瘦长，外面均有鳞片包被。雌雄株进入开花物候时，雌雄花芽明显膨大（花芽尚未从鳞片中露出），接着芽苞的鳞片裂开，花芽（花序顶端）露出。通过2~3d的生长，花序轴迅速伸长，花轴上的小花排列由紧密变得疏松，每朵雄花的花药由小变大，花药之间也由紧密变得疏松；每朵雌花的三裂柱头由最初的紧贴在一起变为逐渐开展外翻，柱头表面也逐渐变得湿润，柱头表面积由小逐渐增大。到花序伸长停止至下垂，花轴上的小花发育成熟。此时，花药由原来的深紫红或黄绿色变为泛黄色，花药开始散粉，至散粉结束，花轴脱落。

果 果序长5~6cm，果序轴、果柄和蒴果均密被短绒毛。蒴果长卵圆形，长5~10mm，2~3瓣裂。

引种信息

吐鲁番沙漠植物园 1983年从新疆策勒、皮山引进野生苗。生长发育良好，能开花结实。

民勤沙生植物园 2003年引自吐鲁番沙漠植物园。生长发育良好。

物候

吐鲁番沙漠植物园 3月下旬芽萌动，3月底展叶；3月上旬现蕾，3月中旬始花，3月下旬盛花、末花；4月初初果，7月中旬果熟，8月中旬果裂；10月中旬秋叶，10月底落叶，11月上旬叶干枯。

迁地栽培要点

喜光，耐盐碱和干旱，对土壤要求不严，耐瘠薄，适应性强，栽培成活率高。管理粗放，无需修剪、中耕除草、追施肥料等常规管理。除植苗外，主要用种子繁殖，也可采取根蘖繁殖，茎枝扦插成活率低。

主要用途

　　被列入《中国植物红皮书》无危植物；新疆Ⅰ级保护植物。木材供建筑、桥梁、农具、家具等用，也为很好的造纸原料；灰胡杨喜光，喜砂壤土，耐低温、高热，耐大气干旱、耐盐碱，适应性强，生长迅速，和胡杨一样都是绿化西北干旱盐碱地带的优良树种。

成叶

过渡叶型

植株

果枝

幼果

成熟果实

幼叶

幼果与枝叶

茎枝与新萌枝叶

雄花

雄花

叶

叶

植株

柳属

Salix L.

世界约520多种；我国有257种122变种33变型；迁地栽培1种。

8

白柳

Salix alba L. Sp. Pl. 1021. 1753.

自然分布

分布新疆额尔齐斯河及其支流和塔城南湖；甘肃、青海、西藏等省区有栽培。生于河、湖岸边，栽培可达海拔3100m。欧洲、哈萨克斯坦也有。

迁地栽培形态特征

落叶乔木，高达5m，胸径30cm；树冠开展。

茎 树皮暗灰色，深纵裂。嫩枝有白色绒毛，老枝无毛。

叶 叶披针形、倒披针形或卵状披针形，两面披银白色绢毛或上面无毛，下面稍有短柔毛，先端渐尖或长渐尖，基部楔形，沿缘有小锯齿；叶柄有毛；托叶披针形，有伏毛，边缘有腺点，早脱落。

花 花序与叶同时开放，花单性，雌雄异株；雄花序长3~5cm，雄蕊2，离生，花药鲜黄色，花丝基部有毛；雌花序长3~4.5cm，子房卵状圆锥形，无毛，有短柄，花柱短，常2浅裂，柱头2裂。

果 蒴果2瓣裂；种子小，多暗褐色。

引种信息

吐鲁番沙漠植物园 乡土种。引种记录不详。生长速度较慢，长势较差。

物候

吐鲁番沙漠植物园 3月上旬叶芽萌动，3月中旬展叶；3月中旬现花蕾、始花，3月下旬盛花、末花；4月下旬果裂；11月中旬秋叶、落叶，12月中旬叶干枯。

迁地栽培要点

喜光、喜水湿、抗寒、速生、易栽易活、耐轻度盐碱。种子或插条繁殖。

主要用途

木材轻软、纹理较直、结构较细、可供建筑、家具和农具或火柴杆用；枝条可供编织物用；嫩叶可作饲料；是保持水土、固堤、防沙和四旁绿化的优良树种；早春蜜源植物。

果开裂

雌花序

叶正面

植株

树皮

榆科
Ulmaceae

仅1属。

榆属
Ulmus L.

世界30余种；我国有25种6变种；迁地栽培1种。

9
白榆

别名： 榆、榆树、家榆

Ulmus pumila L. Sp. Pl. 326. 1753.

植株

自然分布

普遍分布西北、华北、东北各地；华中至西南各地亦有栽培。生于山前冲积扇和荒漠绿洲。西伯利亚、中亚、蒙古、朝鲜也有。

迁地栽培形态特征

落叶乔木，高达15m，胸径10～50cm；树冠卵圆形。

🌳 树皮暗灰色，纵裂而粗糙；枝条细长，灰色。

🍃 叶椭圆状卵形或椭圆状披针形，长2～7cm，先端尖或渐尖，基部近对称，叶缘常具单锯齿，侧脉9～14对，无毛或叶下面脉腋微有簇毛。

花 花先叶开放，两性，簇生；花萼4裂，雄蕊4。

果 翅果近圆形或卵圆形，果核位于翅果中部，长约1~2cm，熟时黄白色，无毛。

引种信息

吐鲁番沙漠植物园 引种记录不详，1972年定植。生长速度较快，长势良好。

物候

吐鲁番沙漠植物园 3月中旬叶芽萌动、展叶；3月上旬现花蕾、始花，3月中旬盛花、末花；3月中旬初果，3月下旬果熟，3月底至4月上旬果落期；10月中旬秋叶，10月下旬落叶，11月中旬叶干枯。

迁地栽培要点

喜光、抗寒、抗旱、耐热、适应性强。种子繁殖。一般采用条播行距30cm，覆土1cm踩实，若发芽时正是高温干燥季节，最好再覆3cm土保湿，发芽时用耙子挡平。榆树易受蚜虫危害，虫害初发期可喷洒3000倍吡虫啉防治。

主要用途

木质坚硬，供建筑、家具、器具等用；鲜嫩及干榆叶适口性好，属优等牧草；种子是猪、鸡的良好饲料；嫩果实及榆皮可食；枝皮可代麻制绳索或作人造棉和造纸；根是蚊香的好原料；树皮或根皮入药能利水，通淋，消肿；治小便不通，淋浊，水肿，痈疽发背，丹毒，疥癣。

果枝　　　　花枝

果枝　　　　叶　　　　树皮

桑科
Moraceae

仅1属。

桑属

Morus L.

世界约16种；我国产11种；迁地栽培2种。

分种检索表

1a. 叶柔软，光滑无毛；雌花被外部无毛 ·· 10. 白桑 *M. alba*

1b. 叶粗糙而被绒毛；雌花被外部被毛 ·· 11. 黑桑 *M. nigra*

10
白桑

别名: 家桑、桑树

Morus alba L. Sp. Pl. ed 1: 986. 1753.

桑树大道

自然分布

原产我国中部,栽培几遍全国各地。朝鲜、日本、蒙古、中亚、欧洲等地以及印度、越南亦均有栽培。

迁地栽培形态特征

落叶乔木,高3~8m,胸径10~40cm。

🌳 树皮厚,灰色,具不规则浅纵裂;小枝淡黄褐色。

🍃 单叶互生,叶卵形或广卵形,长6~18cm,宽4~8cm,先端急尖、渐尖或圆钝,基部圆形至浅心形,边缘锯齿粗钝,有时叶为各种分裂,表面鲜绿色,无毛,背面沿脉有疏毛;叶柄长1~4.5cm。

🌸 花单性,雌雄异株;雌花序长8~20mm,具4枚花被片,结果时变肉质;雄花序长1~3cm。

🍒 聚花果长1~2.5cm,白色(桑椹),味甜而淡。

引种信息

　　吐鲁番沙漠植物园　乡土种。引种记录不详，1973年定植。生长速度较快，长势良好。

物候

　　吐鲁番沙漠植物园　3月中旬叶芽萌动，3月下旬展叶；3月中旬现花蕾，3月下旬始花、盛花，4月上旬末花；4月中旬初果，5月上旬果熟、果落期；10月中旬秋叶，11月中旬落叶、枯萎。

迁地栽培要点

　　喜光、抗寒、耐热、适应性强。因种子不育，插条或嫁接繁殖。

主要用途

　　树皮纤维柔细，可作纺织原料、造纸原料；根皮、果实及枝条入药；叶为养蚕的主要饲料，亦作药用，并可作土农药；木材坚硬，可制家俱、乐器、雕刻等。桑椹可以酿酒，称桑子酒。

雌花

雄花

树皮

果枝

植株

叶正面

11

黑桑

别名: 药桑

Morus nigra L. Sp. Pl. ed. 1: 986. 1753.

植株

自然分布

我国主产新疆吐鲁番,喀什以南地区栽培;山东、河北也有栽培。西欧、俄罗斯、中亚等有栽培。原产伊朗。

迁地栽培形态特征

落叶乔木,高3~8m,胸径10~40cm。

🌿 **茎** 树皮暗褐色;小枝被淡褐色柔毛。

🍃 **叶** 叶阔卵圆形,长12cm,有时达20cm,顶端急尖或渐尖,基部深心脏形,有粗锯齿,通常不分裂,有时2~3裂,上面暗绿色,粗糙,下面色较淡,有细毛,沿叶脉尤密;叶柄长1.5~2.5cm。

🌸 **花** 花雌雄异株或同株;雄花序长2.5cm;雌花序短椭圆形,长2~2.5cm。

果 聚花果卵圆形至长圆形，长2～2.5cm，成熟时紫黑色。

引种信息

吐鲁番沙漠植物园 乡土种。引种记录不详，1973年定植。生长速度较快，长势良好。

物候

吐鲁番沙漠植物园 3月中旬叶芽萌动，3月下旬展叶；3月中旬现花蕾，3月下旬始花、盛花，4月上旬末花；4月中旬初果，5月上旬果熟、果落期；10月中旬秋叶，11月中旬落叶、枯萎。

迁地栽培要点

喜光、抗寒、耐热、适应性强。种子或插条繁殖。

主要用途

桑叶可以饲蚕；椹果成熟味甜可食，在新疆用以制果汁。

雄花　　幼果　　雌花

果枝　　果实

叶反面　　雄花　　树皮

蓼科

Polygonaceae

4属。

木蓼属

Atraphaxis L.

世界25种；我国有11种1变种；迁地栽培2种。

分种检索表

1a. 叶圆形，椭圆形，卵形或倒卵形，革质，鲜绿色；花梗在中上部具关节 ··························
······································· **12. 沙木蓼 A. bracteata**

1b. 叶披针形或长圆状倒卵形，灰绿色或灰蓝色；花梗在中下部具关节 ········· **13. 长枝木蓼 A. virgata**

12
沙木蓼

Atraphaxis bracteata A. Los. Bull. Jard. Bot. Prin. URSS 26: 43. 1927.

果枝

自然分布

　　分布内蒙古、宁夏、甘肃、青海及陕西。生于流动沙丘低地及半固定沙丘，海拔1000～1500m。蒙古也有。

迁地栽培形态特征

　　灌木，高1.2m左右，成丛状，分枝开展。

　　茎 茎直立，无毛，具肋棱多分枝。枝延伸，褐色，斜升或成钝角叉开，平滑无毛，顶端具叶或花。托叶鞘圆筒状，长6～8mm，膜质，上部斜形，顶端具2个尖锐牙齿。

叶 叶革质，长圆形或椭圆形，当年生枝上者披针形，长1.5～3.5cm，宽0.8～2cm，顶端钝，具小尖，基部圆形或宽楔形，边缘微波状，下卷，两面均无毛，侧脉明显；叶柄长1.5～3mm，无毛。

花 总状花序，顶生，长2.5～6cm；苞片披针形，长约4mm，上部者钻形，膜质，具1条褐色中脉，每苞内具2～3花；花梗长约4mm，关节位于上部；花被片5，绿白色或粉红色，内轮花被片卵圆形，不等大，长5～6mm，直径7～8mm，网脉明显，边缘波状，外轮花被片肾状圆形，长约4mm，宽约6mm，果时平展，不反折，具明显的网脉。

果 瘦果卵形，具三棱形，长约5mm，黑褐色，光亮。

引种信息

吐鲁番沙漠植物园 1977年从内蒙古磴口引种。1980年定植。生长发育良好，能开花结实。

民勤沙生植物园 乡土种。生长发育良好，能开花结实。

物候

吐鲁番沙漠植物园 3月中旬芽萌动，3月下旬展叶；4月中旬现蕾、始花，4月下旬盛花，9月下旬末花；5月中旬初果，7月中旬果熟，7月下旬果落；10月底秋叶，11月中旬落叶，11月中旬叶干枯。

民勤沙生植物园 4月中旬芽萌动，4月下旬展叶；5月上旬始花，5月下旬盛花，8月下旬末花；5月中旬初果，7月上旬果熟，9月下旬果落；9月上旬秋叶，9月中旬落叶，11月中旬叶干枯。

迁地栽培要点

喜光，耐轻度盐碱和干旱，对土壤要求不严，耐瘠薄，适应性强，植苗与茎枝扦插均可繁殖。管理粗放，无须修剪、中耕除草、追施肥料等常规管理，未见病虫害。

主要用途

固沙植物。也可饲用，骆驼喜食。

花和叶片

花枝

枝叶

花枝

果枝

花

茎

盛果

叶

植株（果期）

植株

13
长枝木蓼

Atraphaxis virgata (Rgl.) Krassn. Scripta Soc. Geogr. Ross. 19: 295. 1888.

植株

自然分布

分布新疆。生于荒漠中的砾石戈壁、沙地、流水干沟和山地的石质山坡或砾石山坡，海拔400~1320m。中亚、蒙古也有分布。

迁地栽培形态特征

灌木，高1.2m左右，分枝开展。

🌱 一年生茎长，伸出丛外，无毛，无刺。

叶 叶灰绿色，倒卵形或矩圆形，基部渐窄成柄，先端稍渐尖或稍圆，有硬骨质短尖，长0.5~2mm，全缘或稍有齿牙，两面无毛，背面网状脉不明显。

花 总状花序，生于当年枝末端，长5~15cm，花稀疏；花梗长3~5mm，关节在中下部；花被5片，玫瑰色具白色边缘或全部白色，内轮3片，宽椭圆形，长5~6mm，外轮2片较小，果期反折。

果 瘦果长卵状三棱形，暗褐色，光滑。

引种信息

吐鲁番沙漠植物园 1979年从新疆吐鲁番当地引种。1980年定植。生长发育良好，能开花结实。

民勤沙生植物园 1997年引自吐鲁番沙漠植物园。生长发育良好，能开花结实。

物候

吐鲁番沙漠植物园 4月初芽萌动，4月上旬展叶；5月下旬现蕾，6月初始花，6月上旬盛花，9月底末花；6月中旬初果，7月中旬果熟，7月下旬果落；10月下旬秋叶，11月中旬落叶、叶干枯。

迁地栽培要点

喜光，耐干旱，耐轻度盐碱，耐瘠薄，对土壤要求不严，适应性强，栽培成活率高。管理粗放，无须修剪、中耕除草、追施肥料等常规管理，未见病虫害。

主要用途

可做固沙植物；亦有一定观赏价值。

叶

花枝

花果枝

果

沙拐枣属

Calligonum L.

世界约35种11变种；我国有23种；迁地栽培12种。

分种检索表

1a. 果实具薄膜呈泡果状；老枝"之"字拐曲 ·························· **20. 泡果沙拐枣 *C. junceum***
1b. 果实具翅或刺。
  2a. 果实沿肋具翅，翅全缘或有齿。但无刺。
    3a. 老枝色淡，灰色或淡黄灰色；果翅近膜质，较软 ············· **22. 白皮沙拐枣 *C. leucocladum***
    3b. 老枝色深，灰褐色，紫褐色或暗红色。
      4a. 老枝灰褐色或带紫褐色；果翅近膜质，较软；花被白色 ········ **14. 无叶沙拐枣 *C. aphyllum***
      4b. 老枝暗红色或紫褐色；果翅近革质，较硬；花被粉红色或红色 ·······················
      ·· **25. 红皮沙拐枣 *C. rubicundum***
  2b. 果具刺，刺生果肋上或窄翅上。
    5a. 果肋具窄翅；翅上生刺，刺基部通常扁平。
      6a. 翅较软，近膜质，边缘整齐，刺软；不分枝或2叉分枝，末枝细，刺毛状 ·················
      ··· **17. 心形沙拐枣 *C. cordatum***
      6b. 翅较硬，近革质，边缘不整齐，变窄成刺；刺较硬，分叉末枝较粗，针刺状。
        7a. 刺密，伸展交织，掩藏瘦果；瘦果圆锥体，顶端尖；果实（包括翅与刺）圆球形或
        近球形 ····································· **18. 密刺沙拐枣 *C. densum***
        7b. 刺稀疏，不掩藏瘦果；瘦果椭圆形、卵圆形或长圆形；果实（包括翅与刺）宽卵形
        或近球形 ································· **21. 奇台沙拐枣 *C. klementzii***
    5b. 果肋无翅；刺坐生肋上，基部圆或稍扁。
      8a. 灌木较高大，高2m以上；果实（包括刺）大，径15～30mm。
        9a. 果近球形，刺密，透视几不见瘦果 ············· **16. 头状沙拐枣 *C. caput-medusae***
        9b. 果卵圆形，刺较疏，瘦果清晰可见 ············· **15. 乔木状沙拐枣 *C. arborescens***
      8b. 灌木高0.5～2m；果实（包括刺）小，径小于20mm。
        10a. 果小，径10mm左右；果刺细，毛发状，易折断脱落。
          11a. 果刺1行，个别有不完整2行；瘦果扭转 ········· **24. 小沙拐枣 *C. pumilum***
          11b. 果刺2～3行，瘦果不扭转或微扭转 ··········· **23. 蒙古沙拐枣 *C. mongolicum***
        10b. 果较大，径15mm左右；果刺每肋2行，果刺较粗，针刺状；瘦果具长喙
        （2～4mm）··································· **19. 艾比湖沙拐枣 *C. ebi-nurcum***

14
无叶沙拐枣

Calligonum aphyllum (Pall.) Gurke Pl. Europ. 2: Ⅲ, 1897.

自然分布
分布新疆霍城县。生于半固定沙丘和流动沙丘及沙地，海拔560m。中亚、俄罗斯也有。

迁地栽培形态特征
灌木，高1m左右。

🌿 老枝拐曲，灰褐色或带紫褐色；幼枝绿色，节间长1~3cm。

🍃 叶条形，长2~4mm，易脱落。

🌸 小，1~3朵生叶腋，花梗红色，长4~5mm，关节在中下部；5片花被片白色，背部中央绿色或红色。长约3mm，无毛，瓣片宽卵形。

🍎 果实（包括翅）近球形或宽卵形，长15~20mm，宽12~20mm，幼果黄色或红色，熟果黄褐色或暗紫色；瘦果椭圆形，有4条钝肋，微扭转或不扭转，每肋有2翅；翅近膜质，通常表面平滑，全缘或有细齿。

引种信息
吐鲁番沙漠植物园　1985年从新疆霍城引进种子。1986年育苗，1989年定植。生长发育良好，能开花结实。

民勤沙生植物园　1989年从吐鲁番沙漠植物园引进种子。生长发育良好，能开花结实。

物候
吐鲁番沙漠植物园　3月中旬芽萌动、展嫩枝；4月初现蕾，4月中旬始花、盛花、末花；4月下旬初果，5月中旬果熟、果落；10月上旬同化枝黄，10月中旬同化枝脱落，10月底同化枝干枯。

迁地栽培要点
喜光，耐干旱，抗风蚀与沙埋，耐瘠薄，耐轻度盐碱，喜砂土或砂壤土，植苗和茎枝扦插均可繁殖。管理粗放，无须修剪、中耕除草、追施肥料等常规管理，虽有食嫩枝的害虫，危害不严重。

主要用途
固沙植物，并具良好的饲用价值。

植株（果期）

花

茎和叶

老茎

花枝

果枝

15
乔木状沙拐枣

Calligonum arborescens Litv. Sched. ad Herb. Fl. Ross. 2: 28. 1900.

自然分布

原产中亚。据《哈萨克斯坦植物志》3: 144. 1960年记载我国准噶尔盆地有分布，但未见标本。中国科学院原林业土壤研究所沙坡头试验站1959年从中亚引进到宁夏沙坡头流沙上，生长健壮，结实累累，高达3m。生于流动沙丘。

迁地栽培形态特征

灌木，高3m左右。

茎 木质茎和老枝灰白色或灰褐色，常有裂纹及褐色条纹极显著，稍呈"之"形弯曲，分枝少，枝干近直立；当年生幼枝草质，节间长2～5cm，灰绿色。

叶 叶鳞片状，长1～2mm，有褐色短尖头，与膜质叶鞘连合。

花 小，多粉红色，3～4朵生于叶腋；花梗长约3mm，中下部有关节。

果 果实（包括刺）卵圆形或阔卵形，长2～3cm，宽1.5～2.5cm，幼果黄色、红色或红紫色，熟果黄色或红褐色，瘦果椭圆形，具圆柱形长尖头，极扭转，4条果肋空出刺在瘦果顶端略呈束状，每肋上2行，基部稍扁，分离，中上部2～3次叉状分枝，稀疏，较细，质脆，不掩藏瘦果。

引种信息

吐鲁番沙漠植物园 1972年从宁夏中卫沙坡头引进种子。1973年种子繁殖，1974—1975年扦插繁殖，1976年大面积种植。生长发育良好，能开花结实。

民勤沙生植物园 1975年引自宁夏。生长发育良好，能开花结实。

物候

吐鲁番沙漠植物园 3月中旬芽萌动、展嫩枝；4月中旬现蕾，4月下旬始花、盛花，4月底末花；5月初初果，5月下旬果熟，6月上旬果落；10月上旬同化枝黄，10月下旬同化枝脱落，10月底同化枝干枯。

迁地栽培要点

喜光，耐干旱，抗风蚀与沙埋，耐瘠薄，耐轻度盐碱，喜砂土或砂壤土，植苗和茎枝扦插成活率均高。管理粗放，无须修剪、中耕除草、追施肥料等常规管理，虽有食嫩枝的害虫，危害不严重。

主要用途

优良固沙植物。亦有饲用、观赏和薪炭价值。

植株

花

花枝

果实

果枝

同化枝

16
头状沙拐枣

Calligonum caput-medusae Schrenk, Enum. Pl. nov. 1: 9. 1841.

盛果

自然分布

原产哈萨克斯坦、土库曼斯坦。文献记载我国新疆有该种分布，未采到标本。中国科学院原林业土壤研究所沙坡头试验站1959年从中亚引进到宁夏沙坡头流沙上，生长健壮，结实累累，高达3m。生于流动沙丘。

迁地栽培形态特征

灌木，高3m左右，通常自基部分枝。

🟤 **茎** 老枝淡灰色或淡黄灰色，分枝多，开展；幼枝灰绿色，节长2~4cm，向上，节上部有叶鞘。

79

叶 叶线形，长约2mm；叶鞘膜质，与叶合生。

花 小，2~3朵生于叶鞘内，花被片卵圆形，长2~3mm，紫红色，有淡色宽边，果时反折。

果 果实（包括刺）近球形，直径20~25mm，幼果黄绿色、红黄色或红色，成熟果成淡黄色、黄褐色或红褐色；瘦果椭圆形，扭转，肋凸起；刺毛每肋2行，非常密，基部稍扩大，分离或部分结合，由中下部或近基部有2~3次很细的分叉，每叉又2~3次2~3分叉，末叉硬或较软，极密或较密，伸展交织，掩藏瘦果。

引种信息

吐鲁番沙漠植物园 1972年从宁夏中卫沙坡头引进种子。1973年种子繁殖，1974—1975年扦插繁殖，1976年大面积种植。生长发育良好，能开花结实，并广泛推广种子与插条。内蒙古的磴口、甘肃的民勤和临泽、新疆的精河各沙区都广泛引种。

民勤沙生植物园 1975年引自宁夏。生长发育良好，能开花结实。

物候

吐鲁番沙漠植物园 3月中旬芽萌动、展嫩枝；4月中旬现蕾，4月下旬始花、盛花，4月底末花；5月初初果，5月下旬果熟，6月上旬果落；10月上旬同化枝黄，10月下旬同化枝脱落，10月底同化枝干枯。

迁地栽培要点

喜光，耐干旱，抗风蚀与沙埋，耐瘠薄，耐轻度盐碱，喜砂土或砂壤土，植苗和茎枝扦插成活率均高。管理粗放，无须修剪、中耕除草、追施肥料等常规管理，虽有食嫩枝的害虫，危害不严重。

主要用途

优良固沙植物，也有饲用、观赏和薪炭价值。

老茎　　花枝　　花　　双色果实　　果实与同化枝

17
心形沙拐枣

Calligonum cordatum Eug. Kor. ex N. Pavl. in Fedde, Repert. 33: 154. 1933.

自然分布

分布新疆精河。生于流动、半流动沙丘及沙地。土库曼斯坦、乌兹别克斯坦也有。

迁地栽培形态特征

灌木，高1.5~2m。

茎 分枝疏散，老枝灰黄色；幼枝较细，淡绿色。

叶 叶退化成膜质，利用绿色嫩茎进行光合作用。

花 白色，小，2~3朵生叶腋；花被片果期反折。

果 果实（包括翅与刺）心状卵形或卵圆形，淡黄色或红黄色，长13~18mm，宽11~16mm；瘦果微扭转，肋突出、锐利，具翅；翅近膜质，稍具光泽，宽2~3.5mm，基部近心形，表面有淡黄色网纹，边缘稍皱，具齿，齿延伸成1行刺；刺较软，长与翅宽近等长，不分枝或上端2叉分枝。

引种信息

吐鲁番沙漠植物园 1973年从新疆精河引进种子。1977年种植。生长发育良好，能开花结实。

民勤沙生植物园 1984年引自新疆吐鲁番沙漠植物园。生长发育良好，能开花结实。

物候

吐鲁番沙漠植物园 3月中旬芽萌动、展嫩枝；4月初现蕾，4月中旬始花、盛花、末花；4月底初果，5月中旬果熟，5月下旬果落；10月上旬同化枝黄，10月下旬同化枝脱落，10月底同化枝干枯。

迁地栽培要点

喜光，耐干旱，抗风蚀与沙埋，耐瘠薄，耐轻度盐碱，喜砂土或砂壤土，植苗和茎枝扦插均可繁殖。管理粗放，无须修剪、中耕除草、追施肥料等常规管理，虽有食嫩枝的害虫，危害不严重。

主要用途

可用于固沙造林，也有饲用和薪炭价值。

花枝

果枝

果枝

成熟果实

幼果和同化枝

同化枝

茎和成熟果实

老茎

植株

植株

18
密刺沙拐枣

Calligonum densum Borszcz. in Mem. Acad. St.-Petersb. VII, ser. Ⅲ, 1: 36. 1860.

植株（盛果）

自然分布

分布新疆霍城县。生于半固定沙丘，海拔640m。中亚也有。

迁地栽培形态特征

灌木，高2m左右。

茎 木质化老枝淡灰色或黄灰色，微扭拐；当年生幼枝灰绿色，节间长1~5cm。

叶 叶鳞片状，长1~2mm。

花 小，通常2~4朵簇生叶腋；花梗长2~4mm，中下部有关节；花被片宽卵形，果时反折。

果 果实（包括翅与刺）圆球形成近球形，径1.2~2cm；瘦果圆锥形，顶端尖，扭转，肋极突出，每肋生2翅；翅较硬，宽2~2.5mm，翅缘不整齐，翅上生刺，刺扁平，较硬，稠密，近中部2次叉状分枝，末枝细，伸展交织，掩藏瘦果。

引种信息

吐鲁番沙漠植物园 1977年从新疆霍城引进种子、野生苗。1977年定植。生长发育良好，能开花结实。

民勤沙生植物园 1984年引自新疆。生长发育良好，能开花结实。

物候

吐鲁番沙漠植物园 3月中旬芽萌动、展嫩枝；4月中旬现蕾、始花，4月下旬盛花，4月底末花；5月初初果，5月下旬果熟，6月上旬果落；10月中旬同化枝黄，10月下旬同化枝脱落，10月底同化枝干枯。

迁地栽培要点

喜光，耐干旱，抗风蚀与沙埋，耐瘠薄，耐轻度盐碱，喜砂土或砂壤土，植苗和茎枝扦插均可繁殖。管理粗放，无须修剪、中耕除草、追施肥料等常规管理，虽有食嫩枝的害虫，危害不严重。

主要用途

固沙植物，亦有饲用和薪炭价值。

花

果实

花蕾与同化枝

花蕾

19
艾比湖沙拐枣

别名: 精河沙拐枣

Calligonum ebi-nurcum Ivanova ex Soskov in Izvest. Acad. Nauk Turkmen. SSR Ser. Biol. 6: 55. 1969.

盛果

自然分布

分布新疆准噶尔盆地。生于半固定沙丘、沙砾质荒漠及流动沙丘,海拔500~600m。

迁地栽培形态特征

灌木,高1.5m左右,高可达2m。分枝较少,疏展,幼株灌丛近球形,老株中央枝直立,侧枝伸展或平卧而呈塔形。

🌿 幼茎绿色,簇生,节长2~4cm。木质化茎白色、灰白色,老茎淡灰色。

🍃 线形,长2~4mm,微弯;多退化成膜质鳞片状。托叶膜质,与叶连合。叶退化,依靠嫩枝进行光合作用。

🌸 小,1~2朵生叶腋,花梗长约5mm,中部以下具关节;花被片椭圆形,白色或淡红色,果期反折。

85

🔴**果** 果（包括刺）尖卵形、宽卵形或卵圆形，长1.5cm左右，宽1～2cm；瘦果卵圆形或长圆形，具2～4mm长喙，极扭转，肋通常不明显，少钝圆，近无沟槽或具浅沟；每肋生刺2行，每行5～7刺，分离，相距可宽达1mm左右，刺极稀疏或较稀疏，纤细，刺毛状，柔软或较软，中上部2次2～3分叉，末叉直展，瘦果先端长喙的刺较粗，成束状。

引种信息

吐鲁番沙漠植物园　1973年从新疆精河引进种子。1974—1975年大面积种植。生长发育良好，能开花结实。

民勤沙生植物园　1984年引自新疆。生长发育良好，能开花结实。

物候

吐鲁番沙漠植物园　3月中旬芽萌动、展嫩枝；4月中旬现蕾、始花，4月下旬盛花，4月底末花；5月初初果，5月下旬果熟，6月上旬果落；10月中旬同化枝黄，10月下旬同化枝脱落，10月底同化枝干枯。

迁地栽培要点

喜光，耐干旱，抗风蚀与沙埋，耐瘠薄，耐轻度盐碱，喜砂土或砂壤土，忌水涝，植苗成活率高，亦可用茎枝扦插繁殖。管理粗放，无须修剪、中耕除草、追施肥料等常规管理，虽有食嫩枝的害虫，危害不严重。

主要用途

中国特有种。新疆Ⅱ级保护植物。优良固沙植物，并具饲用和薪炭价值。

花枝　果实　同化枝　老茎

20
泡果沙拐枣

Calligonum junceum (Fisch. et Mey.) Litv. Schedae ad Herb. FI. Ross. 8: 9. 1922.

植株（果期）

自然分布

分布新疆、内蒙古。生于海拔500～800m（新疆富蕴达1150m）的砾石荒漠中。蒙古和中亚也有。

迁地栽培形态特征

灌木，高1m左右。

㊂ 多分枝，老枝黄灰色或淡褐色，呈"之"字形曲折；幼枝灰绿色，有关节，节间长1～3cm。

㊍ 叶条形，长3～6mm，与托叶鞘分离；托叶鞘膜质，淡黄色。

㊌ 花稠密，通常2～4朵生叶腋；花梗长3～5mm，中下部有关节；花被片宽卵形，鲜时白色，背部中央绿色，干后淡黄色。

87

果 果实圆球形、椭圆形或宽椭圆形，长9～12mm，宽7～10mm，幼果淡红色、红色、淡绿色或白色，成熟果淡黄色、黄褐色或红褐色。瘦果不扭转，肋较宽，每肋有刺3行；刺密，柔软，外罩一层薄膜呈泡果状。

引种信息

吐鲁番沙漠植物园 1973年从新疆精河引进种子。1975—1976年种植。生长发育良好，能开花结实。

民勤沙生植物园 1975年引自新疆。生长发育良好，能开花结实。

物候

吐鲁番沙漠植物园 3月中旬芽萌动、展嫩枝；4月初现蕾，4月中旬始花、盛花、末花；4月下旬初果，5月中旬果熟、果落；10月上旬同化枝黄，10月下旬同化枝脱落，10月底同化枝干枯。

迁地栽培要点

喜光，耐干旱，抗风蚀与沙埋，耐瘠薄，耐轻度盐碱，对土壤要求不严，植苗和茎枝扦插均可繁殖。管理粗放，无须修剪、中耕除草、追施肥料等常规管理，虽有食嫩枝的害虫，危害不严重。

主要用途

盛果期极具观赏价值，亦可用于固沙造林。

花　　果枝　　果枝　　植株（果期）　　老茎

21
奇台沙拐枣

别名: 东疆沙拐枣

Calligonum klementzii A. Los. in Bull. Jard. Bot. Prin. URSS 26 (6): 596. f. 1. 1927.

自然分布

分布新疆、甘肃。生于戈壁或固定沙丘,海拔500~700m。

迁地栽培形态特征

灌木,高1m左右,多分枝。

🌿 老枝黄灰色或灰色,多拐曲;同化枝淡绿色,幼枝节间长1~3cm。

🍃 条形,长1~3mm,与托叶鞘结合。

🌸 小,1~3朵生叶腋;花梗长2~4mm;花被近圆形,粉红色,中部带绿色,宽椭圆形,果时反折。

🟤 果实(包括翅和刺)圆卵形或宽卵形,淡黄色、黄褐色、红色或褐色,长1~2cm,宽1.2~2cm;瘦果长圆形,微扭转,肋不突出,肋间沟槽不明显;翅近革质,宽2~3mm不等,表面有突出脉纹,边缘不规则缺裂,并渐变窄成刺;刺较稀疏或较密,质硬,扁平,等长或稍长于瘦果宽,为翅宽的2.5~3.5倍,2~3次叉状分枝,末枝短而细。

引种信息

吐鲁番沙漠植物园 1979年从新疆奇台引进种子。1980年定植。生长发育良好,能开花结实。

民勤沙生植物园 1984年引自新疆。

物候

吐鲁番沙漠植物园 3月中旬芽萌动、展嫩枝;4月中旬现蕾、始花,4月下旬盛花,4月底末花;5月初初果,5月下旬果熟,6月上旬果落;10月中旬同化枝黄,10月下旬同化枝脱落,10月底同化枝干枯。

迁地栽培要点

喜光,耐干旱,抗风蚀与沙埋,耐瘠薄,耐轻度盐碱,喜砂土或砂壤土,植苗和茎枝扦插成活率均高。管理粗放,无须修剪、中耕除草、追施肥料等常规管理,虽有食嫩枝的害虫,危害不严重。

主要用途

中国特有种。可用于固沙造林,亦具饲用和薪炭价值。

盛果

花枝

幼果和同化枝

老茎

植株

22
白皮沙拐枣

别名： 淡枝沙拐枣

Calligonum leucocladum (Schrenk) Bge. Mem. Acad. St.-Petersb. sav. etrang. 7: 485. 1851.

植株（果期）

自然分布

分布新疆沿天山北麓各县沙漠。生于半固定沙丘、固定沙丘和沙地，海拔500~1200m。中亚也有。

迁地栽培形态特征

灌木，高80cm左右。

🌿 老枝黄灰色或灰色，拐曲，通常斜展；当年生幼枝灰绿色，纤细，节间长1~3cm。

🍃 叶条形，长2~5mm，易脱落；膜质叶鞘淡黄褐色。

🌸 小，较稠密，2~4朵生叶腋；花梗长2~4mm，近基部或中下部有关节；花被片宽椭圆形，白色，背面中央绿色。

🔵果 果实（包括翅）宽椭圆形，长 12～18mm，宽 10～16mm；瘦果不扭转或微扭转，4 条肋各具 2 翅；翅近膜质，较软，淡黄色或黄褐色，有细脉纹，边缘近全缘、微缺或有锯齿。

引种信息

吐鲁番沙漠植物园 1973 年从新疆精河引进种子。1975—1976 年种植。生长发育良好，能开花结实。

民勤沙生植物园 1975 年引自新疆。生长发育良好，能开花结实。

物候

吐鲁番沙漠植物园 3 月中旬芽萌动、展嫩枝；4 月初现蕾，4 月上旬始花，4 月中旬盛花、末花；4 月下旬初果、果熟，5 月下旬果落；10 月上旬同化枝黄，10 月下旬同化枝脱落，10 月底同化枝干枯。

迁地栽培要点

喜光，耐干旱，抗风蚀与沙埋，耐瘠薄，耐轻度盐碱，喜砂土或砂壤土，植苗和茎枝扦插均可繁殖。管理粗放，无须修剪、中耕除草、追施肥料等常规管理，虽有食嫩枝的害虫，危害不严重。

主要用途

可用于固沙造林，也具饲用与薪炭价值。

白色幼果　　玫瑰红色幼果　　花

花枝　　果枝　　老茎

23
蒙古沙拐枣

别名： 沙拐枣、托尔洛格（蒙语）

Calligonum mongolicum Turcz. in Bull. Soc. Nat. Mosc. 5: 204. 1832.

植株

自然分布

分布内蒙古、宁夏、甘肃和新疆。生于沙地、黏土荒漠、沙砾质荒漠和砾质荒漠的粗沙积聚处，海拔500~1800m。蒙古也有。

迁地栽培形态特征

小灌木，高60cm左右。

🌿 分枝短，"之"形弯曲，老枝灰白色或淡黄灰色，开展，拐曲；当年生幼枝草质，灰绿色，有关节，节间长0.6~3cm。幼茎即同化绿枝。

🍃 叶细鳞片状线形，长2~4mm。

🌸 小，白色或淡红色，2~3朵簇生叶腋；花梗细弱，长1~2mm，下部有关节；花被片卵圆形，粉红色，长约2mm，果期开展或反折。

🔴 果实（包括刺）宽椭圆形，瘦果不扭转、微扭转或极扭转，长8~12mm，宽7~11mm，两端锐尖，先端有时伸长，核肋突起或突起不明显；沟槽稍宽成狭窄，每肋有刺2~3行；刺等长或长于瘦果之宽，刺毛很细，易断落，较密或较稀疏，基部不扩大或稍扩大，每核肋3排，有时有1排发育不好，2回分叉，刺毛互相交织，刺毛长等于或短于瘦果的宽。

引种信息

吐鲁番沙漠植物园　1977年从甘肃金塔引进种子。1981年定植。生长发育良好，能开花结实。

民勤沙生植物园　乡土种。生长发育良好，能开花结实。

物候

吐鲁番沙漠植物园　3月中旬芽萌动、展嫩枝；4月中旬现蕾、始花，4月下旬盛花，4月底末花；5月初初果，5月下旬果熟，6月上旬果落；10月中旬同化枝黄，10月下旬同化枝脱落，10月底同化枝干枯。

民勤沙生植物园　4月中旬芽萌动，4月下旬展嫩枝；5月上旬/8月下旬始花，6月上旬/9月上旬盛花，6月下旬/9月中旬末花；6月下旬/9月下旬初果，6月下旬/9月下旬果熟；9月下旬同化枝黄、同化枝脱落，11月中旬同化枝干枯。

迁地栽培要点

喜光，耐干旱，抗风蚀与沙埋，耐瘠薄，耐轻度盐碱，忌水涝，对土壤要求不严，植苗成活率高，亦可用茎枝扦插。管理粗放，无须修剪、中耕除草、追施肥料等常规管理，虽有食嫩枝的害虫，危害不严重。

主要用途

固沙植物，药用其同化枝，可治疗皮肤病。

花　　果实　　果枝

花枝　　茎

24
小沙拐枣

Calligonum pumilum A. Los. in Bull. Jard. Bot. Prin. URSS 26 (6): 606. 1927.

果枝

自然分布

分布新疆和甘肃。生于沙砾质荒漠，海拔700～1500m。

迁地栽培形态特征

小灌木，高60cm左右，常自基部分枝。

🌿 老枝淡灰色或淡黄灰色；幼枝灰绿色，节间长1～3.5cm。

🍃 叶细鳞片状。

🌸 花腋生，花被片淡红色，果时反折。

🔴 果实（包括刺）宽椭圆形或卵圆形，长7～10mm，宽6～8mm；瘦果长卵形，扭转，肋突出，沟槽深；每肋刺1行，纤细，毛发状，质脆，易折断，基部分离，中下部2～3次2～3分叉。

引种信息

吐鲁番沙漠植物园　1977、1980年从新疆鄯善引进种子、野生苗。1980年定植。生长发育良好，能开花结实。

民勤沙生植物园 1978年引自新疆。生长发育良好，能开花结实。

物候

吐鲁番沙漠植物园 3月中旬芽萌动、展嫩枝；4月中旬现蕾，4月下旬始花、盛花，4月底末花；5月初初果，5月中旬果熟，5月下旬果落；10月中旬同化枝黄，10月下旬同化枝脱落，10月底同化枝干枯。

迁地栽培要点

喜光，耐干旱，抗风蚀与沙埋，耐瘠薄，耐轻度盐碱，忌水涝，对土壤要求不严，植苗成活率高，亦可用茎枝扦插。管理粗放，无须修剪、中耕除草、追施肥料等常规管理，虽有食嫩枝的害虫，危害不严重。

主要用途

中国特有种。可用于固沙造林。

花 　果实 　老茎 　幼果和同化枝 　茎枝

25
红皮沙拐枣

别名： 红果沙拐枣

Calligonum rubicundum Bge. Delect. Sem. Horti. Dorp. 8. 1839.

自然分布

分布新疆额尔齐斯河流域两岸。生于湿润的半固定、固定或流动沙丘、沙地，海拔450～1000m。哈萨克斯坦、俄罗斯也有。

迁地栽培形态特征

灌木，高1～2m。

🌿 老枝木质化暗红色、红褐色或灰褐色，有光泽或无光泽；当年生幼枝灰绿色，有节，节间长1～4cm。

🍃 条状披针形，长2～5mm。

🌸 2～3朵生于叶腋；花梗长4～6mm，关节在上部，无毛；花被紫红色、粉红色、绿色或红色，果时反折。

🍒 果实（包括翅）圆卵形，宽卵形或近圆形，长10～20mm，宽12～18mm；幼果淡绿色、淡黄色、金黄色、粉红色或鲜红色，成熟果淡黄色、黄褐色或暗红色；瘦果扭转，肋较宽；翅近革质，较厚，质硬，有肋纹，边缘有齿或全缘。

引种信息

吐鲁番沙漠植物园 1974年从新疆布尔津引进种子。1975—1976年大面积种植。生长发育良好，能开花结实。推广至宁夏等地，生长发育很好。

民勤沙生植物园 1984年引自新疆布尔津。生长发育良好，能开花结实。

物候

吐鲁番沙漠植物园 3月中旬芽萌动、展嫩枝；4月初现蕾，4月中旬始花、盛花，4月下旬末花；4月底初果，5月中旬果熟，5月下旬果落；10月上旬同化枝黄，10月下旬同化枝脱落，10月底同化枝干枯。

迁地栽培要点

喜光，耐干旱，抗风蚀与沙埋，耐瘠薄，耐轻度盐碱，喜砂土或砂壤土，植苗和茎枝扦插成活率均高。管理粗放，无须修剪、中耕除草、追施肥料等常规管理，虽有食嫩枝的害虫，危害不严重。

主要用途

优良固沙植物。亦具饲用、薪炭和观赏价值。

老茎

花枝

花枝

果实

果实

果实

盛花

植株

大黄属

Rheum L.

世界约60种；我国39种2变种；迁地栽培1种。

26

矮大黄

Rheum nanum Siev. ex Pall. in Neueste Nord. Beitr. 3: 264. 1796.

植株（果期）

自然分布

分布甘肃、内蒙古及新疆。生于海拔700～2000m或以上的山坡、山沟或砂砾地。俄罗斯、哈萨克斯坦、蒙古也有。

迁地栽培形态特征

多年生草本，高10～30cm。

茎 茎直立，具棱槽，无叶。

叶 基生叶近圆形，通常宽大于长，长约9cm，表面多疣，背面具星状的乳头状毛，3条主脉突起；叶柄短于叶片，叶柄腹面具沟槽。

花 圆锥花序近金字塔形，稀疏；花黄色，长4.5mm；花梗短粗，基部具关节。

果 瘦果广椭圆形，暗褐色，无光泽，翅宽，淡蔷薇色，翅脉靠近边缘，并与瘦果之间具2～3条横脉。

引种信息

吐鲁番沙漠植物园 2007年从新疆恰库尔图镇引进种子（引种号zdy404）。2008年育苗。生长速度中等，长势一般。

物候

吐鲁番沙漠植物园 2月下旬叶芽萌动，3月初开始展叶；4月初现花蕾，4月中旬始花、盛花，4月下旬末花；4月中旬初果，4月底果熟，5月上旬果落；7月上旬秋叶，7月中旬枯萎。

迁地栽培要点

喜光、抗寒、抗旱、适应性一般。种子繁殖。

主要用途

根含鞣质8%～16%。根茎供鞣革；叶和茎人不能食，动物可食。

花序　果序　基生叶

植株（花蕾）

酸模属

Rumex L.

世界约150种；我国有26种2变种；迁地栽培1种。

27
皱叶酸模

别名： 土大黄

Rumex crispus L. Sp. Pl. 335. 1753.

植株（果期）

植株（花蕾）

自然分布

分布我国东北、华北、西北各省区及山东、河南、湖北、四川、贵州及云南。生于河滩、沟边湿地，海拔30～2500m。哈萨克斯坦、蒙古、朝鲜、日本、欧洲及北美洲也有。

迁地栽培形态特征

多年生草本，高50～80cm。直根，断面黄色。

🌿 茎直立，无毛，仅在花序中分枝。

🍃 叶披针形或长圆状披针形，长10～28cm，宽2～4cm，先端渐尖，基部楔形，沿缘皱波状，无毛，叶柄稍短于叶片；茎上部叶渐小，具短柄。

🌸 圆锥花序狭长，长圆形，分枝紧密；花两性，多数，簇生成轮，花轮紧接；外轮花被片比内轮花被片窄小，内轮花被片果期增大，圆状广卵形，全缘，全部或其中1片具1大瘤；花梗细，下部具关节。

果 瘦果椭圆形，具三棱，褐色，有光泽。

引种信息

吐鲁番沙漠植物园　2007年从新疆淖毛湖西坎儿村引进种子（引种号zdy184）。2008年育苗。生长速度较快，长势良好。

物候

吐鲁番沙漠植物园　3月上旬叶芽萌动、展叶；4月上旬现花蕾，4月中旬始花、盛花，5月上旬末花；5月上旬初果，6月上旬果熟，6月中旬果落期；10月上旬秋叶，10月中旬落叶，10月下旬枯萎。

迁地栽培要点

喜光、喜水湿，抗寒，耐轻度盐碱。种子繁殖。

主要用途

根药用，清热凉血，化痰止咳，通便杀虫；根茎适于鞣革；叶春季作蔬菜食用，牲畜则不喜食；果实可作家禽的饲料；蜜源植物。

果序

花序

叶

Chenopodiaceae

9属。

雾冰藜属
Bassia All.

世界约10种；我国产3种；迁地栽培1种。

28

雾冰藜

别名: 五星蒿、星状刺果藜

Bassia dasyphylla (Fisch. et Mey.) O. Kuntze, Revis. Gen. Pl. 2: 546. 1891.

自然分布

分布东北、西北各省区及内蒙古、河北、山东、山西、西藏。生于戈壁、盐碱地、沙丘、草地、河滩、阶地及洪积扇上。蒙古、哈萨克斯坦、中亚也有。

迁地栽培形态特征

一年生草本,高30~50cm。外形近球形,呈灰黄色或灰绿色。

茎 茎直立,密被水平伸展的长柔毛;分枝多,开展。

叶 叶互生,肉质,圆柱状或半圆柱状条形,密被长柔毛,长3~15mm,宽1~1.5mm,先端钝,基部渐狭。

花 花两性,单生或2朵簇生,仅1花发育;花被筒状,先端5浅裂,果时花被背部具5个钻状附属物而呈五角星状;雄蕊5,伸出花被外;子房卵状,花柱短,柱头2~(3)。

果 果实卵形,扁;种子近圆形,光滑。

引种信息

吐鲁番沙漠植物园 2007年从新疆古尔班通古特沙漠引进种子(引种号zdy242)。生长速度较快,长势良好。

物候

吐鲁番沙漠植物园 4月上旬叶芽萌动、展叶;6月中旬现花蕾,6月下旬始花、盛花,7月中旬末花;7月中旬初果,9月下旬果熟、果落期;10月上旬秋叶,10月中旬落叶、枯萎。

迁地栽培要点

喜光、抗旱、耐热,喜排水良好的沙砾质土壤。种子繁殖。

主要用途

本种为草药五星蒿的原植物,全草入药,能清热祛湿,治头皮屑。秋季骆驼和羊喜食,夏末秋初马也喜食。冬春季节,尤其在早春,骆驼、驴、绵羊和山羊均喜食,牛全年不食,属低等牧草。

果枝

植株

果实

植株

植株（秋季）

107

盐节木属

Halocnemum Bieb

本属为单种属。

29

盐节木

Halocnemum strobilaceum (Pall.) Bieb. Fl. Taur.-Cauc. 3: 3. 1819.

植株

自然分布

分布新疆、甘肃。生于盐湖边、盐土湿地。欧洲、蒙古、中亚、阿富汗、伊朗及非洲也有。

迁地栽培形态特征

半灌木，高20～30cm。

㊥ 茎自基部分枝，枝多；小枝对生，圆柱状，近直立，肉质，有关节，黄绿色或灰绿色；老枝近互生，灰褐色。

㊥ 叶不发育，极小的鳞片状，对生，联合。

㊥ 枝条上部的穗状花序长0.5～1.5cm，直径2～3mm，无柄，交互对生，每3朵花（极少为2朵花）生于1苞片内；花被片宽卵形，两侧的两片向内弯曲；雄蕊1。

㊥ 种子卵形或圆形，褐色，密生小突起。

引种信息

吐鲁番沙漠植物园　2007年从新疆恰库尔图镇引进种子（引种号zdy519），2008定植。生长速度较慢，长势较差。

物候

吐鲁番沙漠植物园　3月中旬叶芽萌动、展叶；5月下旬现花蕾、始花，6月上旬盛花，6月下旬末花；6月下旬初果，10月下旬果熟；10月下旬秋叶，11月上旬枯萎。

迁地栽培要点

喜光、抗寒、抗旱、耐热、耐盐、典型的盐生植物。种子繁殖。

主要用途

植物灰分含钾碱，哈萨克人用作肥皂；新鲜植物水的提出物能杀虫，可能含生物碱；新鲜植物动物不吃，但在冬季冻透和浸析后，骆驼食用，甚至是其育肥的饲料。荒漠草原带的居民用作燃料；观赏植物。

花枝　花枝　果枝　果枝

盐生草属

Halogeton C. A. Mey.

世界3种；我国有2种1变种；迁地栽培1种。

30
白茎盐生草

别名： 灰蓬、蛛丝盐生草

Halogeton arachnoideus Moq. in DC. Prodr. 13 (2): 205. 1849.

植株（花期）

自然分布

分布山西、陕西、内蒙古、宁夏、甘肃、青海、新疆。生于干旱山坡、砂地和河滩。蒙古、中亚也有。

迁地栽培形态特征

一年生草本，高10～30cm。

茎 茎直立，自基部分枝；枝互生，灰白色，幼时生蛛丝状毛（后期毛脱落）。

叶 叶肉质，圆柱形，长3～10mm，宽1.5～2mm，顶端钝，有时有小短尖。

花 花通常2～3朵聚生叶腋；花被片膜质，背面有1条粗壮脉，果时背面近顶端生翅；翅半圆形，近等大，膜质透明，具多数脉；雄蕊5；花药顶端无附属物；柱头2。

果 胞果球形或球状卵形；种子横生。

引种信息

吐鲁番沙漠植物园 2007年从新疆芳草湖引进种子（引种号zdy317），2008定植。生长速度较快，长势良好。

物候

吐鲁番沙漠植物园 4月中旬叶芽萌动、展叶；6月下旬现花蕾，7月中旬始花、盛花，8月中旬末花；7月下旬初果，10月上旬果熟，10月中旬果落；10月中旬秋叶，10月下旬落叶、枯萎。

迁地栽培要点

喜光、抗寒、抗旱、耐热、较耐盐。种子繁殖。

主要用途

植株烧灰可取碱；骆驼喜食，山羊、绵羊采食较差，干枯后牲畜均喜食。

幼苗　幼苗　花枝　花枝　果枝

盐穗木属

Halostachys C. A. Mey.

本属为单种属。

31
盐穗木

Halostachys caspica (Bieb.) C. A. Mey. in Bull. Phys.-Math. Acad. Sci. St. Petersb. 1: 361. 1843.

植株

自然分布

分布新疆、甘肃。生于盐碱滩、河谷、盐湖边。俄罗斯、蒙古、中亚、阿富汗、伊朗也有。

迁地栽培形态特征

灌木，高50～100cm。

🟤 茎直立，多分枝，一年生小枝蓝绿色，肉质多汁，圆柱状，有关节，密生小突起。

🟤 叶鳞片状，对生，顶端尖，基部联合，老枝上通常无叶。

🟤 花序穗状，交互对生，圆柱形，长1.5～3cm，直径2～3mm，花序柄有关节；花被倒卵形，顶部3浅裂，裂片内折；子房卵形；柱头2，钻状，有小突起。

115

果 胞果卵形，果皮膜质；种子直立，卵形，红褐色。

引种信息

吐鲁番沙漠植物园 2007年从新疆五家渠引进种子（引种号zdy330），2008定植。生长速度较慢，长势较差。

物候

吐鲁番沙漠植物园 3月中旬叶芽萌动、展叶；6月上旬现花蕾、始花，6月中旬盛花，7月上旬末花；6月下旬初果，10月下旬果熟；10月下旬秋叶，11月上旬枯萎。

迁地栽培要点

喜光、抗寒、抗旱、耐热、耐盐，典型的盐生植物。种子繁殖。

主要用途

新鲜植物家畜不吃，但在冬季冻透和浸析后可食；哈萨克斯坦民间用作肥皂，亦用作燃料；据报道，新鲜植物水的提出物具有强烈的杀虫作用，并不低于新烟碱（阿纳巴辛－毒藜碱）。

果枝

老茎

花枝

花枝

梭梭属
Haloxylon Bge.

世界约11种；我国有2种；迁地栽培3种。

分种检索表

1a. 叶退化成草绿色尖刺，并与同化枝紧紧地贴在一起·······················34. **白梭梭 *H. persicum***
1b. 叶没有尖刺、完全不发达或只是一个肿块。
  2a. 多属于很平常的灌木；折叠式的果翅在成熟的果实后面·················32. **梭梭 *H. ammodendron***
  2b. 乔木；成熟的果实在圆形或楔形底座的果翅顶端固定·················33. **黑梭梭 *H. aphyllum***

32

梭梭

别名: 琐琐、梭梭柴

Haloxylon ammodendron (C. A. Mey.) Bge. in Ledeb. FI. Ross. 3: 820. 1851.

植株

自然分布

分布宁夏、甘肃、青海、新疆、内蒙古。生于沙丘上、盐碱土荒漠、河边沙地等处。中亚和俄罗斯西伯利亚也有。

迁地栽培形态特征

大灌木或小乔木，高2～4m，树干地径约40cm。野生高达9m。

茎 树皮灰白色，材质坚而脆；老枝灰褐色或淡黄褐色，通常具环状裂隙；当年枝细长，斜升或弯垂，节间长4～12mm，径约1.5mm。

叶 退化为鳞片状，宽三角形，稍开展，先端钝，腋间具棉毛。

花 花着生于二年生枝条的侧生短枝上；小苞片舟状，宽卵形，与花被近等长，边缘膜质；花被片矩圆形，先端钝，背面先端之下1/3处生翅状附属物；翅状附属物肾形至近圆形，宽5～8mm，斜伸或平展，边缘波状或啮蚀状，基部心形至楔形；花被片在翅以上部分稍内曲并围抱果实；花盘不明显。

果 胞果黄褐色，果皮不与种子贴生。种子黑色，直径约2.5mm；胚盘旋成上面平下面凸的陀螺状，暗绿色。

引种信息

　　吐鲁番沙漠植物园　1972年从新疆精河引进种子。1978年定植。生长发育良好，能开花结实。
　　民勤沙生植物园　1959年引自新疆。生长发育良好，能开花结实。

物候

　　吐鲁番沙漠植物园　3月中旬芽萌动，3月下旬展嫩枝；3月中旬现蕾，3月底始花，4月初盛花，4月中旬末花；4月中旬初果，10月中旬果熟，10月底果落；10月底同化枝黄，11月上旬同化枝脱落，11月中旬同化枝干枯。
　　民勤沙生植物园　3月下旬芽萌动，4月中旬展嫩枝；4月中旬始花，5月中旬盛花，6月上旬末花；10月上旬初果，10月中旬果熟、果落；10月上旬同化枝黄，10月中旬同化枝脱落，11月中旬同化枝干枯。

迁地栽培要点

　　喜光，耐干旱，抗风蚀与沙埋，耐瘠薄，耐轻度盐碱，对土壤要求不严，植苗成活率高，茎枝扦插不易。管理粗放，无须修剪、中耕除草、追施肥料等常规管理，虽有食嫩枝的害虫和白粉病，但危害不严重。

主要用途

　　被列入《中国植物红皮书》Ⅱ级保护，无危植物；新疆Ⅰ级保护植物。为荒漠地区优良固沙造林树种，也是良好的饲用植物，特别是骆驼喜食。为优良燃料，俗称"荒漠活煤"。

盛花　　同化枝

果枝　　老茎　　裸露根

33

黑梭梭

别名： 无叶琐琐

Haloxylon aphyllum (Minkw.) Iljin. Бот. журн. СССР, XI X , 2: 171. 1934.

自然分布

主要分布在中亚各国和伊朗沙漠。

迁地栽培形态特征

大灌木或小乔木，高约3m，树杆地径约10cm。野生高达10m。

🌿 树皮较厚，多分枝，深灰色，枝条淡灰色，去年的枝条具有环状裂缝；新枝条在秋季部分凋落，圆锥状，蓝灰色或绿色，多汁；老枝条常下垂，木质紧而重，沉水。

🍃 叶片不发达，横生，有时稍突出。

🌸 小，单生叶腋；小苞片鳞片状，花被片卵状，膜质，被柔毛，花被片顶端紧围果，直径8~12mm；花被片在翅2~2.5mm处上部向内曲并压进花柱。

🌰 果实是圆形的扁平翅果，有5瓣半透明的扇形果翅。胞果黄褐色，果皮不与种子贴生。种子黑色，无胚乳，但有一扁平螺旋形的胚，胚盘旋成上面平下面凸的陀螺状，暗绿色。

引种信息

吐鲁番沙漠植物园 2010年由乌兹别克斯坦引进种子，2011年育苗。生长发育良好，能开花结实。

物候

吐鲁番沙漠植物园 3月中旬芽萌动，3月下旬展嫩枝；3月下旬现蕾，3月底始花，4月初盛花，4月中旬末花；4月中旬初果，10月中旬果熟，10月底果落；10月底同化枝黄，11月上旬同化枝脱落，11月中旬同化枝干枯。

迁地栽培要点

喜光，耐干旱，抗风蚀与沙埋，耐瘠薄，耐轻度盐碱，喜砂土或砂壤土，植苗成活率高。管理粗放，无需修剪、中耕除草、追施肥料等常规管理。

主要用途

优良固沙植物。木材坚硬，为优良的薪炭材。幼枝又为骆驼、羊的良好饲料。

叶

花枝

果枝

幼苗

幼树植株

34

白梭梭

别名: 白琐琐、波斯梭梭

Haloxylon persicum Bge. ex Boiss. et Buhse in Nouv. Mem. Soc. Nat. Moscou 12: 189. 1860.

植株

自然分布

分布新疆北部。生于固定沙丘、半固定沙丘、流动沙丘及丘间厚层沙地。中亚、哈萨克斯坦、阿富汗、伊朗、叙利亚等也有。

迁地栽培形态特征

小乔木，高3m左右，树杆地径约40cm。野生高达7m。

茎 树皮灰白色，木材坚而脆；老枝灰褐色或淡黄褐色，通常具环状裂隙；当年枝弯垂（幼树上的直立），节间长5～15mm，直径约1.5mm。

叶 叶对生，退化成鳞片状，三角形，先端具芒尖，贴伏于枝，腋间具棉毛。

花 很小，黄色，生于二年生枝条的侧生的短枝上；小苞片舟状，卵形，与花被等长，边缘膜质；花被片倒卵形，先端钝或略急尖，果时背面先端之下1/4处生翅状附属物；翅扇形或近圆形，宽4～7mm，淡黄色，翅脉不明显，基部宽楔形至圆形，边缘微波状或近全缘；花盘不明显。

果 胞果淡黄褐色，果皮不与种子贴生。种子直径约2.5mm；胚盘旋成上面平下面凸的陀螺状。

引种信息

吐鲁番沙漠植物园 1976年从新疆精河引进种子。1978年定植。生长发育良好，能开花结实。

民勤沙生植物园 2003年引自新疆吐鲁番沙漠植物园。生长发育良好，能开花结实。

物候

吐鲁番沙漠植物园 3月中旬芽萌动，3月下旬展嫩枝；3月中旬现蕾，3月底始花，4月初盛花，4月中旬末花；4月中旬初果，10月中旬果熟，10月底果落；10月底同化枝黄，11月上旬同化枝脱落，11月中旬同化枝干枯。

迁地栽培要点

喜光，耐干旱，抗风蚀与沙埋，耐瘠薄，耐轻度盐碱，喜砂土或砂壤土，植苗成活率高，茎枝扦插不易成活。管理粗放，无须修剪、中耕除草、追施肥料等常规管理，虽有食嫩枝的害虫和白粉病，但危害不严重。

主要用途

被列入《中国植物红皮书》II级保护，易危植物；新疆I级保护植物。为优良固沙造林树种，目前除新疆大量应用进行固沙造林外，甘肃、宁夏、内蒙古沙区也进行了引种。木材坚而脆，发热力强，为优良的薪炭材，是沙区人民群众生活的薪炭来源。除作牲口圈棚和固定井壁用材外，当年茎枝是骆驼、驴、羊的良好饲料。

花

叶

花枝

果枝

果枝（成果）

果实

果实

新老枝条

新发同化枝

老茎

鼠磨牙咬断枝干

植株

盐爪爪属

Kalidium Moq.

世界5种；我国有5种1变种；迁地栽培1种。

35

盐爪爪

别名: 灰碱柴

Kalidium foliatum (Pall.) Moq. in DC. Prodr. 13 (2): 147. 1849.

植株

自然分布

分布黑龙江、内蒙古、河北、甘肃、宁夏、青海、新疆。生于盐碱滩、盐湖边。俄罗斯、蒙古、中亚也有。

迁地栽培形态特征

小半灌木,高20~40cm。

茎 茎直立或平卧,多分枝,木质老枝较粗壮,灰褐色或黄灰色,小枝上部近于草质,黄绿色。

叶 叶互生,圆柱形,肉质多汁,长4~10mm,宽2~3mm,开展成直角(与茎相交)或稍下弯,顶端钝,基部下延,半抱茎。

花 花序穗状,顶生,长8~15mm,直径3~4mm,每3朵花生于1鳞状苞片内;花被合生,果时扁平成盾状,盾片宽五角形,周围有狭窄的翅状边缘;雄蕊2,伸出花被外;子房卵形,柱头2。

果 胞果圆形;种子直立,近圆形,两侧压扁,密生乳头状小突起。

引种信息

吐鲁番沙漠植物园 2007年从新疆石河子148团27连引进种子（引种号zdy299），2008定植。生长速度较慢，长势较差。

物候

吐鲁番沙漠植物园 3月中旬叶芽萌动、展叶；7月下旬现花蕾，8月中旬始花、盛花，8月下旬末花；8月下旬初果，11月上旬果熟；10月下旬秋叶，11月上旬枯萎。

迁地栽培要点

喜光、抗寒、抗旱、耐热、耐盐、典型的盐生植物。种子繁殖。

主要用途

新鲜时动物不吃，但在严寒和雨水浸析后，是低劣的冬季饲料。供饲用，秋、冬季骆驼喜食，马、羊稍食，新鲜状态骆驼少量食之，其他牲畜不吃；可提取碳酸钾和碳酸钠。

叶　花枝　果枝　成熟果枝

驼绒藜属

Krascheninnikovia Gueldenst.

世界6～7种；我国产4种1变种；迁地栽培1种。

36

心叶驼绒藜

Krascheninnikovia ewersmannia (Stschegleev ex Losina-Losinskaja) Grubov, Pl. Asiae Centr. 2: 38. 1966.

植株

自然分布

分布新疆。生于半荒漠、砂丘、荒地、田边及路旁。位于阿尔泰山和天山山麓地区。蒙古、中亚也有。

迁地栽培形态特征

半灌木，高0.5～1.3m。

🌿 分枝斜展，多集中于上部。

🍃 叶具短柄，叶片卵形或矩圆状卵形，长2～3cm，宽1～2cm，先端圆形或急尖，基部通常心形，稀近圆形，羽状叶脉，背腹两面被星状毛。

花 雄花序细长而柔软。雌花管椭圆形，长2～3mm，角状裂片粗短，其长为管长的1/5～1/6，略向后弯，果时管外具四束长毛。

果 果椭圆形，密被毛。种子直生，与果同形。

引种信息

吐鲁番沙漠植物园 1979年从新疆伊犁引进种子（引种号19790029），1980年定植。生长速度较快，长势良好。

物候

吐鲁番沙漠植物园 3月上旬叶芽萌动，3月中旬展叶；6月中旬现花蕾，7月中旬始花、盛花，7月下旬末花；7月下旬初果，10月中旬果熟、果落期；10月下旬秋叶，11月上旬落叶，11月中旬枯萎。

迁地栽培要点

喜光、抗寒、抗旱、耐热、适应性强。种子繁殖。

主要用途

固沙作用良好；属优良牧草；草原和荒漠地区常作燃料。

131

花序　　　　叶

花蕾　　　　花序　　　　果枝　　　　植株

猪毛菜属
Salsola L.

世界约有130种；我国有36种1变种；迁地栽培3种。

分种检索表

37

小药猪毛菜

Salsola micranthera Botsch. in Not. Syst. Herb. Inst. Acad. Sci. Uzbek. 13: 5. 1952.

植株（果期）

自然分布

分布新疆南部。生于砾质荒漠，砂地。中亚也有。

迁地栽培形态特征

一年生草本，高40～60cm。

茎 茎多分枝，枝斜伸，乳白色或淡黄色，被柔毛。

叶 叶半圆柱形，长1～1.5cm，宽1.5～2mm，有长柔毛，果时通常脱落。

花 花稠密，排成穗状花序，再构成圆锥花序；苞片宽卵形，小苞片比苞片短，近圆形；花被片果时自背面中上部生翅；翅膜质，黄褐色，有稠密的深褐色脉纹，3翅较大，2翅较小；花被片在翅以上部分，中部肉质，淡绿色或黄绿色，边缘膜质，有缘毛，向中央聚集，紧贴果实；花药小，长约0.5mm。

果 果较小，直径（包括翅）3～7mm，种子横生。

引种信息

吐鲁番沙漠植物园　自然侵入。生长速度较快，长势良好。

物候

吐鲁番沙漠植物园　4月中旬叶芽萌动、展叶；6月下旬现花蕾，7月中旬始花、盛花，8月中旬末花；7月下旬初果，10月上旬果熟，10月中旬果落；10月中旬秋叶，10月下旬枯萎。

迁地栽培要点

喜光、抗寒、抗旱、耐热。种子繁殖。

主要用途

可供饲用；秋季供观赏。

花果枝

果序　　果枝　　果序

38
李氏碱柴

Salsola richteri Karel. in sched. ex Moq. in DC. Prodr. XⅢ, 2: 185. 1849.

自然分布
主要产中亚各国、伊朗和阿富汗沙漠。

迁地栽培形态特征
大灌木，高近2m。

🌿 老枝光滑，灰色，幼枝纤细、被短而硬的毛。

🌿 互生，长4~8cm，线状，被毛，叶片下部变宽，上部紧缩；苞片短于叶片和小花，接近全缘，边缘膜质化，紧而窄；叶片、苞叶、苞片被短而硬的毛。

🌿 花被片宽披针形，边缘窄膜质，无毛或粗糙；翅无色或有色，粉红色，边缘膜质，其中两瓣肾形，剩下的倒卵形或线形，包括花被在内直径15mm左右；花药深裂，先端附属物小而尖，长卵形，柱头1.5~3倍长于花柱，或等长。

🌿 近同梭梭属植物的果实，也是圆形的扁平翅果，有5瓣半透明的扇形果翅。胞果浅土黄色，果皮不与种子贴生。种子由灰绿色逐渐呈黑灰色，无胚乳，但有一扁平螺旋形的胚，胚盘旋成上面平下面凸的陀螺状，暗绿色，此胚包在发芽时容易破裂的种皮内。在螺旋胚内，已经形成了发育良好的未来植物的主要器官——胚根和子叶。

引种信息
1958年由中亚引到我国沙坡头的李氏碱柴和巴氏碱柴（*Salsola palelzkiana* Litv.）均未成功。

吐鲁番沙漠植物园 2010年由乌兹别克斯坦引进种子，2011年育苗。生长发育良好，能开花结实。

物候
吐鲁番沙漠植物园 3月下旬芽萌动，3月底展叶；5月中旬现蕾，5月下旬始花，5月底盛花，6月中旬末花；6月中旬初果，10月中旬果熟（果不脱落）；10月底叶黄，11月上旬叶脱落，11月中旬叶干枯。

迁地栽培要点
喜光，耐干旱，抗风蚀与沙埋，耐瘠薄，耐轻度盐碱，喜砂土或砂壤土，植苗成活率高。管理粗放，无需修剪、中耕除草、追施肥料等常规管理。

主要用途
优良固沙植物。叶和幼枝是骆驼、羊的良好饲料。药用植物，可降低高血压。

花枝

果枝

叶

果枝

老茎

植株

花　花枝　果枝　成熟果实　幼苗　植株　叶　老茎　老茎

39
刺沙蓬

Salsola ruthenica Iljin in Сорн. Раст. СССР. 2: 137. f. 127. 1934.

植株

自然分布

分布我国东北、华北、西北各省区及西藏、山东、江苏。生于河谷砂地，砾质戈壁，海边。俄罗斯、蒙古、中亚也有。

迁地栽培形态特征

一年生草本，高30～50cm。

🌿 茎直立，自基部分枝，茎、枝生短硬毛或近于无毛，有白色或紫红色条纹。

🍃 叶片半圆柱形或圆柱形，无毛或有短硬毛，长1.5～4cm，宽1～1.5mm，顶端有刺状尖，基部扩展，扩展处的边缘为膜质。

🌸 花序穗状，生于枝条的上部；苞片长卵形，小苞片卵形，顶端有刺状尖；花被片5，膜质，无毛，果时在背面中部生翅；翅不等大，肾形或倒卵形，3翅较大，膜质，无色或淡紫红色，2翅较狭窄，花被果时（包括翅）直径7～10mm；花被片在翅以上部分近革质，顶端为薄膜质，向中央聚集包覆果实；柱头丝状，长为花柱的3～4倍。

🔴果 种子横生。

引种信息

吐鲁番沙漠植物园 2008年从新疆阜康引进种子（引种号zdy468），2009年定植。生长速度中等，长势一般。

物候

吐鲁番沙漠植物园 4月中旬叶芽萌动、展叶；6月下旬现花蕾，7月中旬始花、盛花，8月中旬末花；7月下旬初果，10月上旬果熟，10月中旬果落；10月中旬秋叶，10月下旬枯萎。

迁地栽培要点

喜光、抗寒、抗旱、耐热。种子繁殖。

主要用途

全草药用，平肝降压。新鲜时仅骆驼吃，作干草所有的动物都吃，也适于青贮；灰分可熬制肥皂；植物的提出物为毛线提供黄的和绿的颜色。荒漠草原带的居民用作燃料，可获取碳酸钾。种子的油适于熬制肥皂和油漆。

果实　果实　果枝

植株　果枝

合头草属

Sympegma Bge.

本属为单种属。

40
合头草

别名：黑柴

Sympegma regelii Bge. in Bull. Acad. Sci. St. Petersb. 25: 371. 1879.

植株

自然分布

分布新疆、青海、甘肃、宁夏。生于轻盐碱化的荒漠、干山坡、冲积扇、沟沿等处。蒙古、中亚也有。

迁地栽培形态特征

半灌木，高100～120cm。

🟦 茎直立，老枝多分枝，黄白色至灰褐色，通常有纵条裂；当年生枝灰绿色，略有乳头状突起，具多数腋生小枝；小枝有1节间，长3～8mm，基部具关节，易断落。

🟦 叶互生，长4～10mm，宽约1mm，先端急尖，基部收缩。

花 花两性，通常1～3朵簇生于小枝的顶端，花簇下通常具1对基部合生的苞状叶，状如头状花序；花被片直立，草质，具膜质边缘，果时背部的翅宽卵形至近圆形，不等大，淡黄色；花药伸出花被外；柱头有颗粒状突起。

果 胞果淡黄色。种子黄绿色。

引种信息

吐鲁番沙漠植物园　2007年从新疆和硕县乌什塔拉引进种子（引种号2007119），2008定植。生长速度较快，长势良好。

物候

吐鲁番沙漠植物园　3月下旬叶芽萌动，4月上旬展叶；5月上旬现花蕾，5月中旬始花、盛花，6月上旬末花；5月下旬初果，10月中旬果熟，10月下旬果落；10月中旬秋叶、落叶，11月上旬枯萎。

迁地栽培要点

喜光、抗寒、抗旱、耐热、耐轻度盐碱，喜排水良好的沙砾质土壤。种子繁殖。

主要用途

荒漠、半荒漠地区的优良牧草。羊和骆驼喜食其当年枝叶，易增膘。

叶　　花果枝　　果枝

成熟果枝　　植株

仅1属。

石头花属
Gypsophila L.

世界约150种；我国有18种1变种；迁地栽培2种。

分种检索表

1a. 叶狭，宽在10mm以下，线形，披针形或狭长圆形·······················41. 圆锥石头花 **G. paniculata**
1b. 叶宽10～30mm，倒卵状长圆形，顶端钝圆·······························42. 钝叶石头花 **G. perfoliata**

41

圆锥石头花

别名： 圆锥丝石竹

Gypsophila paniculata L. Sp. Pl. 407. 1753.

植株（花期）

自然分布

分布新疆阿尔泰山和塔什库尔干。生于海拔1100~1500m河滩、草地、固定沙丘、石质山坡及农田中。哈萨克斯坦、蒙古、欧洲、北美洲也有。

迁地栽培形态特征

多年生草本，高40~50cm。

茎 茎直立或基部上升，基部木质化，茎单生，稀数个丛生，多分枝，光滑无毛或基部被腺毛。

叶 叶腋中具不育小叶枝，基生叶早枯，茎生叶披针形或条状披针形，长1~5cm，宽2.5~8mm，先端渐尖。

花 聚伞圆锥花序顶生或腋生，花序分枝较多，花多，松散，苞片披针形，边缘宽膜质；花梗丝状，长2~6mm；花萼宽钟形或近球形，长约1mm，先端分裂，达萼长之半，萼齿倒卵形，顶端钝圆，边缘膜质，具小齿；花瓣白色，长约为萼的2倍。

果 蒴果广倒卵形或几为球形，宽达2mm。种子密被疣状突起。

引种信息

　　吐鲁番沙漠植物园　2008年从新疆青河县引进种子（引种号2008013），2009年定植。生长速度较快，长势良好。

物候

　　吐鲁番沙漠植物园　3月上旬叶芽萌动、展叶；4月下旬现花蕾、始花，5月上旬盛花，5月下旬末花；5月中旬初果，6月下旬果熟；7月下旬秋叶，8月上旬落叶、枯萎。

迁地栽培要点

　　喜光、抗寒、抗旱、耐热，喜排水良好的砂质土壤。种子繁殖。

主要用途

　　固沙；可供饲用；根、茎可供药用；栽培可供观赏。

幼苗

花

果枝

叶序

42
钝叶石头花

Gypsophila perfoliata L. Sp. Pl. 408. 1753.

植株

自然分布

分布新疆北部。生于海拔500~1000m的河旁湿地、盐碱地、草原沙地、林中草地及戈壁滩。俄罗斯、罗马尼亚、保加利亚、土耳其、伊朗、哈萨克斯坦、蒙古也有。

迁地栽培形态特征

多年生草本，高30~40cm。

🌿 茎上部具多数分枝。

🍃 叶倒卵状长圆形，长3~7cm，宽1~3cm，具5脉，顶端钝圆，基部联合，稍抱茎。

🌸 花序呈聚伞状，多花，疏松而开展；花梗纤细，长为花萼3~6倍；花萼宽钟状，长2~4mm，无毛，具绿色萼脉，萼齿5，分裂达1/2，卵形；花瓣长圆形，紫红色，长4.5~5.5mm，宽约2mm，顶端圆形，全缘，基部稍狭；雄蕊10，稍短于花瓣，花丝扁线形，花药圆形；子房卵圆形，顶端具2条线形花柱，种子成熟时，花柱伸出花冠外。

果 蒴果球形，较萼长。种子10粒，肾形，具细疣状突起。

引种信息

吐鲁番沙漠植物园 2008年从新疆尼勒克引进种子（引种号zdy351），2009年定植。生长速度较快，长势良好。

物候

吐鲁番沙漠植物园 3月上旬叶芽萌动、展叶；4月下旬现花蕾，5月中旬始花、盛花，7月上旬末花；5月下旬初果，6月下旬果熟；7月下旬秋叶，8月上旬落叶、枯萎。

迁地栽培要点

喜光、抗寒、抗旱、耐热、耐轻度盐碱，喜排水良好的砂质土壤。种子繁殖。

主要用途

可固沙；栽培可供观赏。

花

幼苗

叶

花枝

毛茛科
Ranunculaceae

仅1属。

铁线莲属
Clematis L.

世界约300种；我国约有108种；迁地栽培2种。

分种检索表

43

东方铁线莲

Clematis orientalis L. Sp. pl. 1: 543. 1753.

自然分布

分布新疆。生于海拔−105~2000m的沟边、路旁或湿地。俄罗斯、蒙古、哈萨克斯坦、中亚、小亚细亚、地中海地区、伊朗也有。

迁地栽培形态特征

草质藤本，长1.5~12m，全株密被短柔毛或近无毛。

🌿 茎细，淡灰色，攀缘或缠绕，有棱。

🍃 一至二回羽状复叶；小叶有柄，2~3全裂、深裂至不分裂，中间裂片较大，长1.5~4cm，宽0.5~1.5cm，基部圆形或圆楔形，全缘或基部又1~2浅裂，两侧裂片较小；叶柄长4~6cm；小叶柄长1.5~2cm。

🌸 圆锥状聚伞花序或单聚伞花序，多花或少至3花，苞片叶状，全缘；萼片4，黄色、淡黄色或外面稍带紫红色，长1.8~2cm，宽4~5mm，内外两面有柔毛，背面边缘被有短绒毛；花丝线形，有短柔毛，花药无毛。

🍒 瘦果卵形，扁，长2~4mm，宿存花柱被长柔毛。

引种信息

吐鲁番沙漠植物园 1982年从新疆达坂城引进实生苗（引种号1982033），当年定植。生长速度较快，长势良好。

物候

吐鲁番沙漠植物园 3月中旬叶芽萌动，3月下旬展叶；8月上旬现花蕾，8月中旬始花、盛花，9月中旬末花；8月下旬初果，10月上旬果熟，10月中旬果落；10月下旬秋叶、落叶，11月中旬枯萎。

迁地栽培要点

喜光、抗寒、抗旱、耐热、适应性强。种子繁殖。

主要用途

有毒植物，新鲜时牲畜不食；植物的粉剂或煎剂有强烈的杀虫作用。可作展览用切花，亦可用于常绿或落叶乔灌木上、地被及攀缘墙篱、凉亭、花架、花柱、拱门等园林建筑。

花

叶

果枝

植株

根

植株

44
准噶尔铁线莲

Clematis songarica Bge. Del. Semin. Hort. Dorpat. 8. 1839.

植株（花期）

自然分布

分布新疆。生于海拔450～2500m间的山麓前冲积扇、石砾冲积堆、河谷、湿草地或荒山坡。蒙古、中亚也有。

迁地栽培形态特征

直立小灌木，高100cm。

🌿 枝有棱，无毛或稍有柔毛。

🍃 单叶对生或簇生；叶片薄革质，长圆状披针形至披针形，长3～15cm，宽0.2～2cm，顶端锐尖或钝，基部渐成柄，叶分裂程度变异较大，茎下部叶子从全缘至边缘整齐的锯齿，茎上部叶全缘、边缘锯齿裂至羽状裂；两面无毛。

花 花序为聚伞花序或圆锥状聚伞花序，顶生；花直径2～3cm；萼片4，开展，白色或淡黄色，倒卵形，长0.5～2cm，宽0.3～1cm，顶端常近截形而有凸尖，外面密生茸毛，内面有短柔毛至近无毛；雄蕊无毛，花丝线形。

果 瘦果略扁，卵形或倒卵形，长3～5mm，密生白色柔毛，宿存花柱长2～3cm。

引种信息

吐鲁番沙漠植物园 1990年从新疆乌鲁木齐引进种子（引种号1990002），1991年育苗，当年定植。生长速度较快，长势良好。

物候

吐鲁番沙漠植物园 3月中旬叶芽萌动、展叶；5月上旬现花蕾，5月中旬始花，5月下旬盛花，8月下旬末花；5月下旬初果，9月下旬果熟、果落；10月中旬秋叶，10月下旬落叶，11月中旬枯萎。

迁地栽培要点

喜光、抗寒、抗旱、耐热、适应性强。种子繁殖。

主要用途

可固沙；栽培可供观赏。

叶　　植株（果期）

花枝　　果实

仅1属。

海罂粟属

Glaucium Mill.

世界21～25种；我国有3种；迁地栽培1种。

45

天山海罂粟

别名： 短梗海罂粟

Glaucium elegans Filch. et Mey. Ind. sem. hort. Petrop. 1: 29. 1835.

植株（花期）

自然分布

分布新疆。生于海拔750m附近的荒漠、低山石坡或河滩。中亚、伊朗也有。

迁地栽培形态特征

一年生草本，高30cm。

茎 茎直立，二歧状分枝，具白粉，无毛。

叶 基生叶多数，叶片轮廓倒卵状长圆形，长4~8cm，宽1~5cm，羽状浅裂，裂片宽卵形，边缘圆齿状，先端具刚毛状短尖头，两面无毛，具白粉；叶柄扁平，长1.5~2.5cm；茎生叶轮廓卵状近圆形，基部心形，抱茎，边缘具浅波状齿。

花 花单生于茎和分枝先端；花芽纺锤形，长1~2cm，粗4~7mm，通常具乳突状皮刺；花瓣宽倒卵形，长约2cm，橙黄色，基部带红色；雄蕊花丝丝状，基部渐增粗，花药长圆形；子房圆柱形，柱头2裂。

果 蒴果线状圆柱形，长10~16cm，粗约2mm，疏被近圆锥状皮刺，成熟时自基部向先端开裂；果梗粗壮，长0.5~1cm，具多数种子。种子肾状长圆形，种皮呈蜂窝状，黑褐色。

引种信息

吐鲁番沙漠植物园 引种记录不详。生长速度中等，长势一般。

物候

吐鲁番沙漠植物园 4月上旬叶芽萌动、展叶；4月下旬现花蕾、始花，5月上旬盛花，5月中旬末花；4月下旬初果，5月中旬果熟，5月下旬果裂；9月下旬秋叶，10月下旬落叶、枯萎。

迁地栽培要点

喜光、抗寒、抗旱、适应性一般。种子繁殖。

主要用途

其花色艳丽，栽培可供观赏。

茎生叶

基生叶

果枝

山柑科
Capparaceae

仅1属。

山柑属
Capparis Tourn. ex L.

世界约250～400种；我国约32种；迁地栽培1种。

46
山柑

别名： 爪瓣山柑、老鼠瓜、野西瓜、卡盘（维吾尔语）

Capparis spinosa L. Sp. Pl. 1: 503. 1753.

植株

自然分布

分布新疆、西藏札达。生于海拔 –100～1100m 的平原、空旷田野、山坡阳处。阿富汗、印度、印度尼西亚、尼泊尔、巴基斯坦、非洲北部、澳大利亚、欧洲南部都有。

迁地栽培形态特征

平卧灌木，匍匐或悬挂，茎长 1～2m。

🌿 新生枝密被长短混生白色柔毛，易变无毛；刺尖利，常平展而尖端外弯，长 4～5mm，苍黄色。

🍃 叶椭圆形或近圆形，长 1.3～3cm，宽 1.2～2cm，鲜时肉质，干后革质，顶端有小凸尖头，中脉自基向顶渐次不明显，背面凸起，侧脉 4（～5）对，最下 1（～2）对近基生，表面在近叶绿时消失，背面凸起，网状脉两面均不可见；叶柄长 5～7mm。

🌸 花大，单出腋生；花梗长 3.5～4.5cm；花萼两侧对称，萼片长 15～20mm，宽 6～11mm，背面多少被毛，内面无毛，外轮近轴萼片浅囊状，囊背上有数个腺窝，远轴萼片舟状披针形，内轮萼片长圆形，近相等，顶端常内凹，边缘有白色绒毛；花瓣异形，上面 2 个异色，内侧至少中部以下黄绿色至绿色，质地增厚，边缘紧接，由基部至近中部向内折叠，折叠部分绿色，彼此紧贴，背部弯拱，密被绒毛，藏于近轴萼片囊内，基部包着花盘，外侧膜质，白色，下面 2 个花瓣白色，分离，有爪，爪长 3～5mm，瓣片长圆状倒卵形，背面被毛；雌蕊约 80，花丝不等长；雄蕊柄花期时长约 1cm，花后伸长至 3～4cm，有时近基部有疏长柔毛；子房椭圆形，长 3～4mm，无毛，表面有纵行的细沟和棱，花

157

柱与柱头不分明，呈小丘状；胎座6~8，胚珠多数。

果 椭圆形，长2.5~3cm，直径1.5~1.8cm（或未完全成熟）干后暗绿色，表面有6~8条纵行暗红色细棱；花梗与雌蕊柄果时都不显著增粗，直径1.5~2mm，且由果梗顶部及花托附近向花盘着生的对面约成直角弯曲；果皮薄，厚约1.5mm，成熟后开裂，露出红色果肉与极多的种子。种子肾形，直径约3mm；种皮平滑，近赤褐色。

引种信息

吐鲁番沙漠植物园 1972年新疆吐鲁番当地引种，1974—1975年大面积直播种植。生长发育良好，开花结实正常。

民勤沙生植物园 1980—1985年引自新疆吐鲁番。生长发育良好，开花结实正常。

物候

吐鲁番沙漠植物园 4月初芽萌动、展叶；4月底现蕾，5月上旬始花，5月中旬盛花，10月中旬末花；5月中旬初果，5月底果熟，6月上旬果裂；10月下旬叶黄，10月底叶脱落，11月中旬叶干枯。

民勤沙生植物园 4月下旬芽萌动、展叶；6月中旬始花，7月上旬盛花，7月下旬末花；8月下旬初果、果熟、果裂；9月中旬叶黄，10月下旬叶脱落、干枯。

迁地栽培要点

喜光，耐干旱，耐沙埋，耐瘠薄，耐轻度盐碱，喜黏土、壤土或砂壤土，植根苗成活率高。管理粗放，无需修剪、中耕除草、追施肥料等常规管理。

主要用途

新疆Ⅱ保护植物。优良固沙植物。种子可榨油；花、果与幼茎叶具饲用价值；其果实还是传统民族药，用于治疗风湿关节炎。

叶

果实

花蕾

花

果枝

成熟果实

成熟果实

成熟果实

植株

花

159

3属。

群心菜属
Cardaria Desv.

世界约4种；我国有3种；迁地栽培1种。

47
毛果群心菜

别名: 泡果荠、甜萝卜缨子

Cardaria pubescens (C. A. Mey.) Jarm. Coph. Pact, CCCP 3: 29. 1934.

植株（果期）

自然分布

分布内蒙古、陕西、甘肃、宁夏、新疆。生于水边、田边、村庄、路旁。蒙古、俄罗斯、中亚也有。

迁地栽培形态特征

多年生草本，高20～30cm。

茎 茎直立，多分枝。

叶 基生叶有柄，倒卵状匙形，边缘有波状齿，开花时枯萎；茎生叶倒卵形，长圆形至披针形，顶端钝，有小锐尖头，基部心形，抱茎，边缘疏生尖锐波状齿或近全缘，两面有柔毛。

花 总状花序伞房状，呈圆锥花序，多分枝，有柔毛，在果期不伸长；萼片长圆形，长约2mm；花瓣白色，倒卵状匙形，长约4mm，顶端微缺，有爪；盛开花的花柱比子房长。

果 短角果球形或近圆形，果瓣半球形或凸出，无龙骨状脊或脊不明显，有柔毛。

引种信息

吐鲁番沙漠植物园 2008年从新疆伊乌县淖毛湖引进种子（引种号zdy183），2009年定植。生长速度中等，长势一般。

物候

吐鲁番沙漠植物园 3月上旬叶芽萌动、展叶；4月中旬现花蕾、始花，4月下旬盛花，5月上旬末花；5月中旬初果，6月上旬果熟；7月中旬秋叶，7月下旬落叶、枯萎。

迁地栽培要点

喜光、抗寒、抗旱、适应性一般。种子繁殖。

主要用途

栽培可供观赏。

花枝

花枝

果枝

居群

大蒜芥属

Sisymbrium L.

世界约80余种；我国有8种5变种；迁地栽培1种。

48

新疆大蒜芥

Sisymbrium loeselii L. Cent. pl. 1: 18. 1755.

自然分布

分布新疆。生于田野、路边、村落。欧洲、蒙古、中亚、阿富汗、小亚细亚、伊朗、印度、巴基斯坦也有。

迁地栽培形态特征

一年生草本，高50~70cm。

茎 茎直立，具长单毛，茎上部毛稀疏或近无毛，多在中部以上分枝。

叶 叶羽状深裂至全裂，中、下部茎生叶顶端裂片较大；上部叶顶端裂片向上渐次加长，长圆状条形，其他特征与中、下部叶同，但渐小；叶上有毛或否，有毛以柄上较多。

花 伞房状花序顶生，果期伸长；萼片长圆形，长3~4mm，但多在背面具长单毛；花瓣黄色，长圆形至椭圆形，长5.5~7mm，宽2.2~2.5mm，与瓣爪等长。

果 长角果圆筒状，具棱，长2~3.5cm，无毛，略弯曲；果梗长6~10mm，斜向上展开，末端内曲或否，较果实细。种子椭圆状长圆形，长0.8~1mm，淡橙黄色。

引种信息

吐鲁番沙漠植物园 2007年从新疆哈巴河县引进种子（引种号2007208），2008年育苗，当年定植。生长速度中等，长势一般。

茎生叶

基生叶

物候

吐鲁番沙漠植物园 3月中旬叶芽萌动、展叶；4月中旬现花蕾、始花，4月下旬盛花，5月上旬末花；5月中旬初果，6月上旬果熟，6月下旬果落；6月中旬秋叶，6月下旬落叶、枯萎。

迁地栽培要点

喜光、抗寒、田野植物。种子繁殖。

主要用途

家畜不喜食，但青贮后喜吃；蜜源植物；栽培可供观赏。

植株　花果枝　茎

花序

菥蓂属

Thlaspi L.

世界约60种；我国有6种；迁地栽培1种。

49

菥蓂

别名： 遏蓝菜

Thlaspi arvense L. Sp. Pl. 646. 1753.

居群

自然分布

分布几遍全国。生于平地路旁，沟边或村落附近。亚洲其他国家、欧洲、非洲也有。

迁地栽培形态特征

一年生草本，高40～50cm。

🌿 茎直立，不分枝或分枝，具棱。

167

叶 基生叶倒卵状长圆形，长 3~5cm，宽 1~1.5cm，顶端圆钝或急尖，基部抱茎，两侧箭形，边缘具疏齿；叶柄长 1~3cm。

花 总状花序顶生；花白色，直径约 2mm；花梗细，长 5~10mm；萼片直立，卵形，长约 2mm，顶端圆钝；花瓣长圆状倒卵形，长 2~4mm，顶端圆钝或微凹。

果 短角果倒卵形或近圆形，长 13~16mm，宽 9~13mm，扁平，顶端凹入，边缘有翅宽约 3mm。种子每室 2~8 个，倒卵形，长约 1.5mm，稍扁平，黄褐色，有同心环状条纹。

引种信息

吐鲁番沙漠植物园 2008 年从新疆乌鲁木齐引进种子（引种号 zdy010），2009 年定植。生长速度中等，长势一般。

物候

吐鲁番沙漠植物园 3 月中旬叶芽萌动、展叶；4 月中旬现花蕾、始花，4 月下旬盛花，5 月上旬末花；5 月中旬初果，6 月上旬果熟，6 月下旬果落；6 月中旬秋叶，6 月下旬落叶、枯萎。

迁地栽培要点

喜光、抗寒、田野植物。种子繁殖。

主要用途

种子油供制肥皂，也作润滑油，还可食用；全草、嫩苗和种子均入药，全草清热解毒、消肿排脓；种子利肝明目；嫩苗和中益气、利肝明目；嫩苗用水炸后，浸去酸辣味，加油盐调食。

植株

花果枝

果枝

成熟果枝

薔薇科

Rosaceae

4属。

桃属

Amygdalus L.

世界40多种；我国有12种；迁地栽培1种。

50
蒙古扁桃

别名: 乌兰一布衣勒斯

Amygdalus mongolica (Maxim.) Ricker in Proc. Biol. Soc. Wash. 30: 17. 1917.

自然分布

分布内蒙古、甘肃、宁夏。生于荒漠区和荒漠草原区的低山丘陵坡麓、石质坡地及干河床,海拔1000~2400m。蒙古也有。

迁地栽培形态特征

灌木,高1~1.5m。

🌿 枝条开展,多分枝,小枝顶端转变成枝刺;嫩枝红褐色,被短柔毛,老时灰褐色。

🍃 短枝上叶多簇生,长枝上叶常互生;叶片宽椭圆形、近圆形或倒卵形,长8~15mm,宽6~10mm,先端圆钝,有时具小尖头,基部楔形,两面无毛,叶边有浅钝锯齿,侧脉约4对,下面中脉明显突起;叶柄长2~5mm,无毛。

🌸 花单生稀数朵簇生于短枝上;花梗极短;萼筒钟形,长3~4mm,无毛;萼片长圆形,与萼筒近等长,顶端有小尖头,无毛;花瓣倒卵形,长5~7mm,粉红色;雄蕊多数,长短不一致;子房被短柔毛;花柱细长,几与雄蕊等长,具短柔毛。

🍑 果实宽卵球形,长12~15mm,宽约10mm,顶端具急尖头,外面密被柔毛;果梗短;果肉薄,成熟时开裂,离核;核卵形,顶端具小尖头,基部两侧不对称,腹缝压扁,背缝不压扁,表面光滑,具浅沟纹,无孔穴;种仁卵形,浅棕褐色。

引种信息

吐鲁番沙漠植物园 1989年从内蒙古林学院引进种子(引种号1989022),1990年育苗。生长速度较慢,长势较差。

物候

吐鲁番沙漠植物园 3月中旬叶芽萌动、展叶;3月上旬现花蕾、始花,3月中旬盛花、末花;4月上旬初果,6月上旬果熟,7月中旬果落;10月中旬秋叶,10月下旬落叶,11月上旬枯萎。

迁地栽培要点

喜光、抗寒、抗旱、适应性一般。种子繁殖。

主要用途

被列入《中国植物红皮书》II级保护,易危植物。种仁榨油可供药用;蜜源植物;栽培可供观赏。

植株（花期）

植株（果期）

花

果实

叶

花枝

委陵菜属

Potentilla L.

世界约200余种；我国有80多种；迁地栽培1种。

51
朝天委陵菜

Potentilla supina L. Sp. Pl. 497. 1753.

植株

自然分布

分布我国各地。生于田边、荒地、河岸沙地、草甸、山坡湿地，海拔100～2000m。北温带广布种。

迁地栽培形态特征

一年生或二年生草本，高20～30cm。

🌿 茎平展，上升或直立，叉状分枝，被疏柔毛或脱落几无毛。

🍃 基生叶羽状复叶，有小叶2～5对；小叶互生或对生，无柄，小叶片长圆形，通常长1～2.5cm，宽0.5～1.5cm，顶端圆钝或急尖，基部楔形或宽楔形，边缘有圆钝或缺刻状锯齿，两面绿色，被稀疏柔毛；茎生叶与基生叶相似，向上小叶对数逐渐减少；基生叶托叶膜质，褐色，茎生叶托叶草质，绿色。

🌼 伞房状聚伞花序；花梗长0.8～1.5cm，常密被短柔毛；花直径0.6～0.8cm；萼片三角卵形，顶端急尖，副萼片长椭圆形，顶端急尖；花瓣黄色，倒卵形，顶端微凹；花柱近顶生，基部乳头状膨大，花柱扩大。

果 瘦果长圆形，先端尖，表面具脉纹。

引种信息

吐鲁番沙漠植物园 2008年从新疆伊吾县苇子峡乡引进种子（引种号zdy190），2009年育苗。生长速度较快，长势良好。

物候

吐鲁番沙漠植物园 4月中旬叶芽萌动、展叶；5月中旬现花蕾、始花，5月下旬盛花，8月中旬末花；6月上旬初果，7月上旬果熟，8月中旬果落；10月上旬秋叶，10月中旬落叶，10月下旬枯萎。

迁地栽培要点

喜光、抗寒、喜水分较好的低湿地。种子繁殖。

主要用途

花期持续长，栽培可供观赏。

花

叶

花果枝

蔷薇属

Rosa L.

世界约200种；我国产82种；迁地栽培1种。

52

疏花蔷薇

Rosa laxa Retz. in Hoffm. Phytogr. Bl. 39. 1803.

植株

自然分布

分布新疆。多生于灌丛中、干沟边或河谷旁，海拔500~1150m。俄罗斯、蒙古、哈萨克斯坦也有。

迁地栽培形态特征

灌木，高1.5~2m。

🌿 小枝圆柱形，直立或稍弯曲，无毛，有成对或散生、镰刀状、浅黄色皮刺。

🍃 小叶7~9，连叶柄长4.5~10cm；小叶片椭圆形、长圆形或卵形，长1.5~4cm，宽8~20mm，先端急尖或圆钝，基部近圆形或宽楔形，边缘有单锯齿，两面无毛或下面有柔毛；叶轴上面有散生皮刺、腺毛和短柔毛；托叶大部贴生于叶柄，离生部分耳状，卵形。

花 花常3~6朵，组成伞房状，有时单生；苞片卵形，先端渐尖；花梗长1~18cm，萼筒无毛或有腺毛；花直径约3cm；萼片卵状披针形，先端常延长成叶状，全缘，外面有稀疏柔毛和腺毛，内面密被柔毛；花瓣白色（据记载亦有粉红色者），倒卵形，先端凹凸不平；花柱离生，密被长柔毛，比雄蕊短很多。

果 果长圆形或卵球形，直径1~1.8cm，顶端有短颈，红色，常有光泽，萼片直立宿存。

引种信息

吐鲁番沙漠植物园 1989年从新疆托克逊引进种子（引种号1989019），1990年育苗。生长速度较快，长势良好。

物候

吐鲁番沙漠植物园 3月中旬叶芽萌动、展叶；4月上旬现花蕾，4月中旬始花、盛花，6月上旬末花；5月上旬初果，9月中旬果熟，10月中旬果落；10月下旬秋叶，11月上旬落叶，11月中旬枯萎。

迁地栽培要点

喜光、抗寒、抗旱、耐热、适应性强。种子或插条繁殖。

主要用途

果实可食、药用；蜜源植物；栽培可供观赏。

花果枝

花　　　　　　　叶序　　　　　　　果枝

绣线菊属

Spiraea L.

世界约100余种；我国有50余种；迁地栽培1种。

53
金丝桃叶绣线菊

别名： 兔儿条

Spiraea hypericifolia L. Sp. Pl. 489. 1753.

自然分布

分布黑龙江、内蒙古、山西、陕西、甘肃、新疆。生于干旱地区向阳坡地或灌木丛中，海拔 600～2200m。欧洲、蒙古、中亚也有。

迁地栽培形态特征

灌木，高0.5～1m。

茎 枝条直立而开张，小枝圆柱形，棕褐色，老时灰褐色；冬芽小，卵形，先端急尖，无毛，有数枚棕褐色鳞片。

叶 叶片长圆倒卵形或倒卵状披针形，长1.5～2cm，宽0.5～0.7cm，先端急尖或圆钝，基部楔形，全缘或在不孕枝上叶片先端有2～3钝锯齿，通常两面无毛，基部具不显著的3脉或羽状脉；叶柄短或近于无柄，无毛。

花 伞形花序无总梗，具花5～11朵，基部有数枚小形簇生叶片；花梗长1～1.5cm；花直径5～7mm；萼筒钟状；萼片三角形，先端急尖；花瓣近圆形或倒卵形，先端钝，长2～3mm，宽几与长相等，白色；雄蕊20。

果 蓇葖果直立开张，无毛，花柱顶生于背部，倾斜开展，具直立萼片。

引种信息

吐鲁番沙漠植物园 2007年从新疆青河引进种子（引种号2007149），2008年育苗。生长速度中等，长势一般。

物候

吐鲁番沙漠植物园 3月中旬叶芽萌动、展叶；3月下旬现花蕾、始花、盛花，4月上旬末花；4月中旬初果，5月中旬果熟，5月下旬果落；10月下旬秋叶，11月上旬落叶，11月中旬枯萎。

迁地栽培要点

喜光、抗寒、抗旱、适应性一般。种子繁殖。

主要用途

当年生枝条和叶片是较好的饲草，从返青萌发到花期绵羊、山羊乐食，尤其是羊羔特别喜食；牛和马一般不食；植物营养价值较高，属中等灌木饲草。观赏和固土植物；蜜源植物。

植株

叶

叶序

花枝

成熟果枝

茎

豆科

Leguminosae

10属。

骆驼刺属

Alhagi Gagneb.

世界约5种；我国有1种；迁地栽培1种。

54

骆驼刺

Alhagi sparsifolia Shap. in Sovetsk. Bot. 3-4: 167. 1933.

自然分布

分布内蒙古、甘肃、青海和新疆。生于荒漠地区的沙地、河岸、农田边。蒙古、中亚、阿富汗、巴基斯坦也有。

迁地栽培形态特征

半灌木，高30～60cm。

茎 茎直立，具细条纹，无毛或幼茎具短柔毛，从基部开始分枝，枝条平行上升。

叶 叶互生，卵形、倒卵形或倒圆卵形，长8～15mm，宽5～10mm，先端圆形，具短硬尖，基部楔形，全缘，无毛，具短柄。

花 总状花序腋生，花序轴变成坚硬的锐刺，无毛；花长8～10mm；苞片钻状；花梗长1～3mm；花萼钟状，萼齿三角状；花冠深紫红色，旗瓣倒长卵形，先端钝圆或截平，基部楔形，具短瓣柄，翼瓣长圆形，长为旗瓣的3/4，龙骨瓣与旗瓣约等长；子房无毛。

果 荚果线形，常弯曲，几无毛。

引种信息

吐鲁番沙漠植物园 自然侵入。生长速度较快，长势良好。

物候

吐鲁番沙漠植物园 3月下旬叶芽萌动、展叶；5月中旬现花蕾，5月下旬始花，6月上旬盛花，9月中旬末花；6月下旬初果，9月下旬果熟；10月下旬秋叶，11月上旬落叶，11月中旬枯萎。

迁地栽培要点

喜光、抗寒、抗旱、耐热、耐盐、适应性强。种子繁殖。

主要用途

幼嫩枝叶为骆驼的重要饲料，牛、羊等家畜亦喜食；是重要的防风固沙植物，根系能深达地下7～8m，从地下水层中吸收水分；在新疆吐鲁番地区，枝叶能分泌出糖类而凝结其上，干燥后经敲打而脱落，收集之即所谓"刺糖"，为维吾尔族重要民族用药，治疗神经性头痛。蜜源植物。其矮生多刺，可作矮性绿篱，供观赏。

植株

果枝

刺

花

花枝

银砂槐属

Ammodendron Fisch. ex DC.

世界约8种；我国有1种；迁地栽培1种。

55
银砂槐

别名： 阿蒙木、阿克提干（维吾尔语）

Ammodendron bifolium (Pall.) Yakovl. in Бот. Журн. 557: 592. 1972.

自然分布

分布新疆霍城塔合尔莫乎尔沙漠。生于固定、半固定沙丘、沙坡地和平沙地上。中亚也有。

迁地栽培形态特征

灌木，高150cm左右。

茎 老枝淡褐色，新枝灰白色；枝和叶被银白色短柔毛。

叶 复叶，仅有2枚小叶，顶生小叶退化成锐刺；托叶变成刺，宿存，长1~2mm；叶柄与小叶等长，极少较长或较短；小叶对生，倒卵状长圆形或倒卵状披针形，长10~15mm，宽4~10mm，先端钝圆，具小硬尖头，基部渐狭成楔形，两面被灰色或银白色短绢毛；无小托叶。

花 总状花序顶生，长3~5cm；花梗长4~8（~10）mm；花萼浅杯状，萼齿5，三角形，与萼管近等长；花冠深紫色，长5~7mm，旗瓣近圆形，较翼瓣和龙骨瓣稍短，翼瓣长圆状倒卵形，龙骨瓣先端钝圆；雄蕊10，分离，宿存；子房疏被短毛。

果 荚果扁平，长圆状披针形，长18~20mm，宽5~6mm，无毛或在近果梗处疏被柔毛，沿缝线具2条狭翅，不开裂；有1~2粒种子。种子卵圆形，光滑，呈淡灰黄色，长4mm，种皮坚实。

引种信息

吐鲁番沙漠植物园 1976年从新疆霍城引进野生苗、种子。1980年定植。生长发育基本正常，能开花结实。因沙地土壤性质变化，出现过植株死亡现象。

民勤沙生植物园 1992年引自新疆霍城县。生长较正常。

物候

吐鲁番沙漠植物园 3月底芽萌动，4月初展叶；4月上旬现蕾，4月中旬始花，4月下旬盛花，4月底末花；5月上旬初果，6月初果熟，6月上旬果实开裂或脱落；10月底叶黄，11月下旬叶脱落，11月中旬叶干枯。

迁地栽培要点

喜光，耐干旱，抗风蚀与沙埋，耐瘠薄，耐轻度盐碱，喜砂土或砂壤土，野生苗移植均未成活，实生苗带土移植可行。管理粗放，无需修剪、中耕除草、追施肥料等常规管理。

主要用途

新疆Ⅰ级保护植物。用于防风固沙，或做刺篱。

叶

花序

茎

盛果

植株

花枝

幼果

果枝

植株

沙冬青属
Ammopiptanthus Cheng f.

世界2种；我国全产；迁地栽培2种。

分种检索表

1a. 小叶菱状椭圆形或阔披针形，先端急尖或钝，微凹缺，脉纹不清晰，通常3小叶，偶为单叶；荚
果扁平；边缘直 ·· 56. **蒙古沙冬青 *A. mongolicus***
1b. 小叶卵形或阔椭圆形，先端钝，具渐尖头，离基三出脉，脉纹清晰，通常单叶，偶为3小叶；荚
果边缘缩而凸凹不平 ·· 57. **新疆沙冬青 *A. nanus***

56

蒙古沙冬青

别名: 沙冬青、黄花木

Ammopiptanthus mongolicus (Maxim. ex Kom.) Cheng f. in Бот. Журн. 44: 1381. 1959.

植株

自然分布

分布内蒙古、宁夏、甘肃。生于沙丘、河滩边台地和低山坡地。蒙古南部也有。

迁地栽培形态特征

常绿灌木,高2m左右。

🌿 **茎** 树皮黄绿色,小枝粗壮;茎多叉状分枝,圆柱形,具沟棱,幼被灰白色短柔毛,后渐稀疏。

🌿 **叶** 托叶小,三角形或三角状披针形,贴生叶柄,与叶柄结合;复叶具3小叶;叶柄长5~10cm;小叶片菱状椭圆形或宽披针形,长2~4cm,宽6~20mm,先端锐尖,主脉1,两面密被银白色绒毛,全缘,侧脉几不明显。

🌿 **花** 总状花序顶生枝端,花互生,8~12朵密集;苞片卵形,长5~6mm,密被银白色短柔毛;花梗近无毛,长约1cm,中部有2枚小苞片;萼钟形,薄革质,长5~7mm,萼齿5,阔三角形,上方2齿合生为一较大的齿;花冠黄色,花瓣均具长瓣柄,旗瓣倒卵形,长约2cm,翼瓣比龙骨瓣短,长圆形,长1.7cm,其中瓣柄长5mm,龙骨瓣分离,基部有长2mm的耳;子房具柄,线形,无毛。

果 荚果矩圆形，扁平、长5～8cm，宽1.5～2cm，无毛，先端锐尖，基部具果颈，果颈长8～12mm，含种子2～5粒；种子肾圆形，径约6mm。

引种信息

吐鲁番沙漠植物园　1978年从内蒙古磴口引进种子，1980年定植。生长发育良好，开花结实正常。

民勤沙生植物园　1979年引自甘肃景泰。生长发育良好，开花结实正常。

物候

吐鲁番沙漠植物园　3月底萌芽展新叶（叶常绿）；3月上旬现蕾，3月下旬始花，3月底盛花，4月中旬末花；4月中旬初果，5月下旬果熟，5月下旬果开裂或脱落。

民勤沙生植物园　3月中旬芽萌动，4月上旬展新叶；4月中旬始花，5月上旬盛花，5月下旬末花；7月上旬果熟。

迁地栽培要点

喜光，耐干旱，耐瘠薄，耐轻度盐碱，对土壤要求不严，裸根苗成活不易，可用营养钵苗栽植，但多采用种子直播繁殖。管理粗放，无须修剪、中耕除草、追施肥料等常规管理，果实的虫蚀率很高。

主要用途

被列入《中国植物红皮书》Ⅱ级保护，易危植物。固沙植物，又可作沙区观赏植物及绿篱。蒙古族民族草药。

花枝

果枝

冬季沙冬青叶

57

新疆沙冬青

别名: 小沙冬青、矮沙冬青、矮黄花木

Ammopiptanthus nanus (M. Pop.) Cheng f. in Бот. Журн. 44: 1384. 1959.

自然分布

分布新疆克孜勒苏柯尔克孜自治州。生于砾质山坡。海拔1200~2800m。吉尔吉斯斯坦也分布。

迁地栽培形态特征

常绿灌木,树冠近圆形,分枝多,高80cm左右。

茎 树枝橙黄色,不开裂或具栓质,翅状突起。幼茎密被灰色绒毛,茎叶稠密。

叶 单叶,偶具3小叶;托叶甚细小,锥形;叶柄粗壮,长4~7mm;小叶全缘,阔椭圆形至卵形,长1.5~4cm,宽1~2.4cm,先端钝,或具短尖头,基部阔楔形或圆钝,两面密被银白色短柔毛,如为三出叶时,则明显较窄,具离基三出脉。

花 总状花序短,顶生或侧生枝端;4~15朵集生;花梗略长于萼,几无毛;苞片早落,小苞片2枚生于花梗中部;萼钟形,萼齿5,三角形,长3~4mm,被疏毛;花冠黄色,长约2cm;雄蕊10枚,离生。

果 荚果扁平、线状长圆形,长4~5cm,宽1~1.5cm,先端钝,具果颈,种子处隆起,缝线被细柔毛,缢缩而使荚果凸凹不平;有种子6~9粒,肾圆形。种子较大。

引种信息

吐鲁番沙漠植物园 1985年从新疆乌恰引进种子。1986年种植。生长发育良好,开花结实正常。

民勤沙生植物园 1992—1994年引自吐鲁番沙漠植物园。生长发育良好,开花结实正常。

物候

吐鲁番沙漠植物园 3月底萌芽展叶(叶常绿);3月上旬现蕾,3月底始花,4月初盛花,4月中旬末花;4月中旬初果,5月底果熟,6月初果开裂或脱落。

迁地栽培要点

喜光,耐干旱,耐瘠薄,耐轻度盐碱,对土壤要求不严,裸根苗成活不易,可用营养钵苗栽植,但多采用种子直播繁殖。管理粗放,无须修剪、中耕除草、追施肥料等常规管理,果实的虫蚀率很高。

主要用途

被列入《中国植物红皮书》Ⅱ级保护;新疆Ⅰ级保护植物。为良好的绿化观赏、固沙植物。柯尔克孜族民族药。

花枝

果枝

叶

枝叶

植株

191

幼苗

花

叶序

沙冬青种子差异小

雪后植株

植株

盛花

叶和幼果

黄耆属

Astragalus L.

世界约2000多种；我国有278种2亚种和35变种2变型；迁地栽培1种。

58
拟狐尾黄耆

Astragalus vulpinus Willd. Sp. Pl. Ⅲ. 2: 1259. 1802.

自然分布

分布新疆北部。生于海拔600~1200m的沙丘湿地、戈壁或石块与土壤混合的阳坡上。俄罗斯、哈萨克斯坦也有。

迁地栽培形态特征

多年生草本，高30~50cm。

茎 茎直立，单生，有细棱，不分枝，疏被开展、白色柔毛。

叶 羽状复叶有25~31片小叶，长10~25cm，叶柄长2~3cm，连同叶轴散生白色长柔毛或近无毛；托叶卵状披针形，基部与叶柄合生；小叶近对生，宽卵形至狭卵形，长10~25mm，宽5~15mm，先端钝尖，基部宽楔形或钝形，两面无毛或下面主脉上和叶缘疏被白色毛。

花 总状花序生多数花，密集呈头状或卵状，长4~6cm，直径3.5~5.5cm；总花梗长4~6cm，疏被白色长柔毛；苞片线状披针形；花萼钟状，密被淡褐色长柔毛，微膨胀；花冠黄色，旗瓣长圆形，先端微缺，基部渐狭，翼瓣狭长圆形，先端钝，基部耳向内弯，龙骨瓣近半圆形，先端钝；子房被淡褐色长柔毛，花柱丝形。

果 荚果卵形，长约12mm，密被白色长柔毛，假2室，无果颈。

引种信息

吐鲁番沙漠植物园 2006年从新疆青河县引进种子（引种号2006029），2007年定植。生长速度较快，长势良好。

物候

吐鲁番沙漠植物园 3月上旬叶芽萌动、展叶；4月中旬现花蕾，4月下旬始花、盛花，5月上旬末花；5月上旬初果，5月中旬果熟，5月下旬果落；6月上旬秋叶，6月中旬落叶、枯萎。

迁地栽培要点

喜光、抗寒、喜水分较好的砂砾质土壤。种子繁殖。

主要用途

可作药用；亦可固沙；栽培可作观赏花卉。

果枝

花序

叶序

幼苗

植株

195

锦鸡儿属

Caragana Fabr.

世界约100余种；我国有62种9变种12变型；迁地栽培3种。

分种检索表

59
绢毛锦鸡儿

Caragana hololeuca Bge. ex Kom. in Acta Hort. Petrop. 29: 275. 1909.

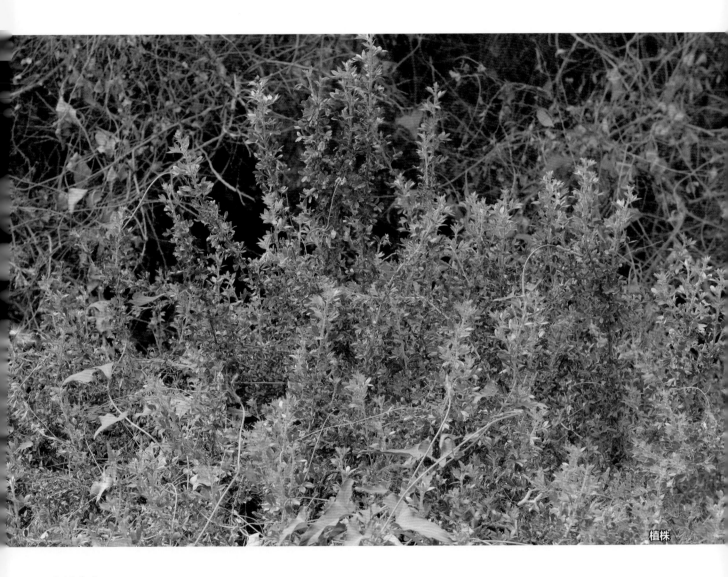

植株

自然分布

分布新疆北部。生于沙丘、戈壁、干旱砾石或黏土山坡。中亚也有。

迁地栽培形态特征

灌木，高60cm。

茎 老枝黄褐色或黄色，片状剥落；小枝粗壮，有条棱，幼时密被短柔毛。

叶 托叶先端渐尖成针刺，长2～5mm，硬化宿存；长枝上叶轴粗壮，常向下弯，被短柔毛，短枝上叶轴脱落；小叶2对，短枝者密接近羽状，长枝者羽状，倒卵状长圆形，长6～11mm，宽2～4mm，

197

先端圆钝，具刺尖，基部楔形，两面密被伏贴绢毛，灰绿色。

花 花单生，梗极短，关节在基部；花萼管状，密被白色绒毛，萼齿三角形，先端渐尖；花冠黄色，长约20mm，旗瓣宽卵形，瓣柄为瓣片之半，翼瓣上部较宽，瓣柄较瓣片稍短，耳稍短于瓣柄，龙骨瓣瓣柄较瓣片稍短。

果 荚果披针形，较萼筒长1倍，密被绒毛。

引种信息

吐鲁番沙漠植物园 1979年从新疆阿勒泰引进种子（引种号1979023），1980年定植。生长速度较慢，长势较差。

物候

吐鲁番沙漠植物园 3月中旬叶芽萌动、展叶；3月下旬现花蕾，4月上旬始花、盛花，4月中旬末花；4月中旬初果，5月下旬果熟、果裂；10月下旬秋叶，11月上旬落叶，11月中旬枯萎。

迁地栽培要点

喜光、抗寒、抗旱、耐热。种子繁殖。

主要用途

可防风固沙；栽培可作观赏。

花

叶序

果实

花枝

老茎

60
柠条锦鸡儿

别名： 柠条、白柠条

Caragana korshinskii Kom. in Acta Hort. Petrop. 29: 351. t. 13. 1909.

植株（花期）

自然分布

分布内蒙古、宁夏、甘肃。生于半固定和固定沙地。

迁地栽培形态特征

灌木，高2～3m。

（茎）老枝金黄色，有光泽；嫩枝被白色柔毛。

（叶）羽状复叶有6～8对小叶；托叶在长枝者硬化成针刺，长3～7mm，宿存；叶轴长3～5cm，脱落；小叶披针形或狭长圆形，长7～8mm，宽2～7mm，先端锐尖或稍钝，有刺尖，基部宽楔形，灰绿色，两面密被白色伏贴柔毛。

（花）花梗长6～15mm，密被柔毛，关节在中上部；花萼管状钟形，密被伏贴短柔毛，萼齿三角形；花冠长20～23mm，旗瓣宽卵形或近圆形，先端截平而稍凹，具短瓣柄，翼瓣瓣柄细窄，稍短于瓣片，耳短小，齿状，龙骨瓣具长瓣柄，耳极短；子房披针形，无毛。

果 荚果扁，披针形，长2～2.5cm，宽6～7mm，有时被疏柔毛。

引种信息

吐鲁番沙漠植物园 1976年从甘肃民勤引进种子（引种号1976015），1977年定植。生长速度中等，长势一般。

物候

吐鲁番沙漠植物园 3月中旬叶芽萌动，3月下旬展叶；3月下旬现花蕾，4月上旬始花、盛花，4月中旬末花；4月中旬初果，5月中旬果熟，5月下旬果裂；10月中旬秋叶，10月下旬落叶，11月中旬枯萎。

迁地栽培要点

喜光、抗寒、抗旱、耐热。种子繁殖。

主要用途

优良固沙植物和水土保持植物；饲用、绿肥、蜜源植物。

叶序　老茎　花

植株（果期）　果枝　花果枝

61

荒漠锦鸡儿

别名： 洛氏锦鸡儿

Caragana roborovskyi Kom. in Acta Hort. Petrop. 29: 280.t. 8 (B). 1909.

植株

自然分布

分布内蒙古、宁夏、甘肃、青海、新疆。生于干山坡、山沟、黄土丘陵、沙地。

迁地栽培形态特征

灌木，高1.5m。

🟤 茎 茎直立或外倾，由基部多分枝。老枝黄褐色，被深灰色剥裂皮；嫩枝密被白色柔毛。

🟤 叶 羽状复叶有3~6对小叶；托叶膜质，被柔毛，先端具刺尖；叶轴宿存，全部硬化成针刺，密被柔毛；小叶宽倒卵形或长圆形，长4~10mm，宽3~5mm，先端圆或锐尖，具刺尖，基部楔形，密被白色丝质柔毛。

🟤 花 花梗单生，关节在中部到基部，密被柔毛；花萼管状，密被白色长柔毛，萼齿披针形；花冠黄色，旗瓣有时带紫色，倒卵圆形，长23~27mm，宽12~13mm，基部渐狭成瓣柄，翼瓣片披针形，瓣柄长为瓣片的1/2，耳线形，较瓣柄略短，龙骨瓣先端尖，瓣柄与瓣片近相等，耳圆钝；子房被密毛。

🟤 果 荚果圆筒状，长2.5~3cm，被白色长柔毛，先端具尖头，花萼常宿存。

引种信息

吐鲁番沙漠植物园 1987年从甘肃民勤引进种子（引种号1987020），1988年定植。生长速度中等，长势一般。

物候

吐鲁番沙漠植物园 3月中旬叶芽萌动、展叶；3月下旬现花蕾，4月上旬始花、盛花、末花；4月上旬初果，5月下旬果熟、果裂；10月下旬秋叶，11月上旬落叶，11月中旬枯萎。

迁地栽培要点

喜光、抗寒、抗旱、耐热。种子繁殖。

主要用途

固沙和水土保持植物。

花

果实

叶序

老茎

花枝

果枝

甘草属

Glycyrrhiza L.

世界约20种；我国有8种；迁地栽培4种。

分种检索表

1a. 荚果念珠状；种子间溢缩，镰状或马蹄形弯曲；根、根颈与根状茎不发达……………………
……………………………………………………………………………………62. 粗毛甘草 *G. aspera*
1b. 荚果直、弯曲或"之"字形折叠，但绝不为念珠状；根、根颈、根状茎粗壮。
  2a. 叶缘明显波皱状；荚果直，明显膨胀……………………………………64. 胀果甘草 *G. inflata*
  2b. 叶缘波皱或平坦；荚果折叠或直，绝不膨胀。
    3a. 花序长4～6cm；小叶明显波皱状；荚果"之"字形折叠……………65. 乌拉尔甘草 *G. uralensis*
    3b. 花序长10～19cm；小叶叶缘平坦，不呈波皱状；荚果直或稍弯曲……63. 光果甘草 *G. glabra*

62

粗毛甘草

Glycyrrhiza aspera Pall. Reise Russ. Reich. 1: 499. 1771.

植株

自然分布

分布内蒙古、陕西、甘肃、青海、新疆。常生于田边、沟边和荒地中。俄罗斯、中亚、伊朗、阿富汗也有。

迁地栽培形态特征

多年生草本，高20~30cm。根和根状茎较细瘦，直径3~6mm，外面淡褐色，内面黄色，具甜味。

茎 茎直立或铺散，有时稍弯曲，多分枝，疏被短柔毛和刺毛状腺体。

叶 叶长2.5~10cm；托叶卵状三角形，长4~6cm，宽2~4mm，叶柄疏被短柔毛与刺毛状腺体；小叶（5）7~9枚，卵形、宽卵形、倒卵形或椭圆形，长10~30mm，宽3~18mm，上面深灰绿色，无毛，下面灰绿色，沿脉疏生短柔毛和刺毛状腺体，两面均无腺点，顶端圆，具短尖，有时微凹，基部宽楔形，边缘具微小的钩状刺毛。

花 总状花序腋生，具多数花；总花梗长于叶（花后常延伸），疏被短柔毛和刺毛状腺体；苞片线状披针形，膜质，长3～6mm；花萼筒状，长7～12mm，疏被短柔毛，无腺点，萼齿5，线状披针形，与萼筒近等长，上部的2齿微连合；花冠淡紫色或紫色，基部带绿色，旗瓣长圆形，长13～15mm，宽5～6.5mm，顶端圆，基部渐狭成瓣柄，翼瓣长12～14mm，龙骨瓣长10～11mm；子房几无毛。

果 荚果念珠状，长1.5～3cm，常弯曲成环状或镰刀状，光滑无毛，种子2～9粒，近圆形至肾形，长1.5～3mm，黑褐色。

引种信息

吐鲁番沙漠植物园 1979年新疆吐鲁番当地引种。1980年定植。生长发育良好，开花结实正常。

民勤沙生植物园 1980年自吐鲁番沙漠植物园引进种子。生长发育良好，开花结实正常。

物候

吐鲁番沙漠植物园 3月下旬芽萌动，3月底展叶；4月上旬现蕾，4月中旬始花，4月下旬盛花，5月上旬末花；5月中旬初果，6月初果熟（果实不开裂、不脱落）；10月上旬叶黄，10月下旬叶脱落，10月底叶干枯。

迁地栽培要点

喜光，较耐干旱，耐瘠薄，耐轻度盐碱，对土壤要求不严，植苗成活率高。管理粗放，无须修剪、中耕除草、追施肥料等常规管理，果实的虫蚀率高。

主要用途

地上部分可做驴、羊的饲草，潜在的地被绿化植物。

叶

花序

刺毛

果实

植株　花　茎

幼果　成熟果实

居群

63
光果甘草

别名： 洋甘草、欧亚甘草、欧甘草

Glycyrrhiza glabra L. Sp. Pl. 742. 1753.

植株

自然分布

分布我国东北、华北、西北各地。生于河岸阶地、沟边、田边、路旁，较干旱的盐渍化土壤上亦能生长。欧洲、地中海区域、中亚、俄罗斯西伯利亚地区以及蒙古也有。

迁地栽培形态特征

多年生草本，高50～100cm。根与根状茎粗壮，直径0.5～3cm，根皮灰褐色，切面黄色，味甜，含甘草甜素。

茎 直立，上部多分枝，基部木质化，密被淡黄色鳞片状腺体、三角皮刺、短柄腺体和白色柔毛，

207

幼时为黏胶状，具条棱。夏秋为粗糙短刺，表皮常为红色。

叶 叶长5~14cm；托叶线形，长仅1~2mm，早落；叶柄密被黄褐腺毛及长柔毛；小叶11~17枚，卵状长圆形、长圆状披针形、椭圆形，长1.7~4cm，宽0.8~2cm，上面近无毛或疏被短柔毛，下面密被淡黄色鳞片状腺点，沿脉疏被短柔毛，顶端圆或微凹，具短尖，基部近圆形。

花 总状花序腋生，具多数密生的花；总花梗短于叶或与叶等长（果后延伸），密生褐色的鳞片状腺点及白色长柔毛和绒毛；苞片披针形，膜质，长约2mm；花萼钟状，长5~7mm，疏被淡黄色腺点和短柔毛，萼齿5枚，披针形，与萼筒近等长，上部的2齿大部分连合；花冠紫色或淡紫色，长9~12mm，旗瓣卵形或长圆形，长10~11mm，顶端微凹，瓣柄长为瓣片长的1/2，翼瓣长8~9mm，龙骨瓣直，长7~8mm；子房无毛。

果 荚果长圆形，扁，长1.7~3.5cm，宽4.5~7mm，微作镰形弯，有时在种子间微缢缩，无毛或疏被毛，有时被或疏或密的刺毛状腺体。种子2~8粒，暗绿色，光滑，肾形，直径约2mm。

引种信息

吐鲁番沙漠植物园 1979年新疆吐鲁番当地引种。1980年定植。生长发育良好，开花结实正常。

民勤沙生植物园 1980年引自新疆阿克苏。生长发育良好，开花结实正常。

物候

吐鲁番沙漠植物园 3月下旬芽萌动，3月底展叶；4月中旬现蕾、始花，4月底盛花，9月下旬末花；5月上旬初果，7月中旬果熟（果实不开裂、不脱落）；10月上旬叶黄，10月下旬叶脱落，10月底叶干枯。

迁地栽培要点

喜光，较耐干旱，耐瘠薄，耐轻度盐碱，对土壤要求不严，植苗成活率高。管理粗放，无须修剪、中耕除草、追施肥料等常规管理，果实的虫蚀率高。

主要用途

新疆 I 级保护植物。根和根状茎供药用。地上部分可做骆驼、羊的饲草。

花序

叶序

成熟果实

64

胀果甘草

Glycyrrhiza inflata Batal. in Acta Hort. Petrop. 11: 484. 1891.

植株

自然分布

分布新疆、甘肃和内蒙古。常生于河岸阶地、水边、农田边或荒地中，海拔150~1600m。中亚各国也有。

迁地栽培形态特征

多年生草本，高40~60cm。根与根状茎粗壮，外皮灰褐色，被黄色鳞片状腺体，切面淡黄色或橙黄色，味甜，含甘草甜素。

🌿 茎直立，基部木质化，多分枝。

🍃 叶长4~20cm；托叶小三角状披针形，褐色，长约1mm，早落；叶柄、叶轴均密被褐色鳞片状腺点，幼时密被短柔毛；小叶3~7枚，卵形、椭圆形或长圆形，长2~6cm，宽0.8~3cm，先端锐尖或钝，基部近圆形，上面暗绿色，下面淡绿色，两面被黄褐色腺点，沿脉疏被短柔毛，边缘或多或少波状。

花 总状花序腋生，具多数疏生的花；总花梗与叶等长或短于叶，花后常延伸，密被鳞片状腺点，幼时密被柔毛；苞片长圆状披针形，长约3mm，密被腺点及短柔毛；花萼钟状，长5~7mm，密被橙黄色腺点及柔毛，萼齿5，披针形，与萼筒等长，上部2齿在1/2以下连合；花冠紫色或淡紫色，旗瓣长椭圆形，长6~9（~12）mm，宽4~7mm，先端圆，基部具短瓣柄，翼瓣与旗瓣近等大，明显具耳及瓣柄，龙骨瓣稍短，均具瓣柄和耳。

果 荚果椭圆形或长圆形，直或微弯，长1~3cm，宽0.5~1cm，二种子间膨胀或与侧面不同程度下隔，被褐色的腺点和刺毛状腺体，疏被长柔毛。种子1~9枚，圆形，绿色，径2~3mm。

引种信息

吐鲁番沙漠植物园 1978年从新疆库尔勒引进野生苗，当年定植。生长发育良好，开花结实正常。

民勤沙生植物园 1975年引自甘肃张掖。生长发育良好，开花结实正常。

物候

吐鲁番沙漠植物园 3月底芽萌动、展叶；4月中旬现蕾，4月中旬始花，4月下旬盛花、末花；5月上旬初果，8月中旬果熟（果实不开裂、不脱落）；10月上旬叶黄，10月下旬叶脱落，10月底叶干枯。

迁地栽培要点

喜光，较耐干旱，耐瘠薄，耐轻度盐碱，对土壤要求不严，植苗成活率高。管理粗放，无须修剪、中耕除草、追施肥料等常规管理，果实的虫蚀率高。

主要用途

新疆Ⅰ级保护植物。根和根状茎供药用。地上部分可做骆驼、羊的饲草。

叶序　　幼果　　植株　　花序

果序

果实

成熟果实

花序

枝叶

果枝

65

乌拉尔甘草

别名: 甘草、国老、甜草、甜根子

Glycyrrhiza uralensis Fisch. in DC. Prodr. 2: 248. 1825.

叶序   植株

自然分布

分布东北、华北、西北各省区及山东。常生于干旱沙地、河岸砂质地、山坡草地及盐渍化土壤中。蒙古、俄罗斯西伯利亚、哈萨克斯坦也有。

迁地栽培形态特征

多年生草本,高40~60cm。根与根状茎粗壮,直径1~3cm,外皮褐色,切面淡黄色,具甜味,含

甘草甜素。

茎 直立，多分枝，密被鳞片状腺点、刺毛状腺体及白色或褐色的绒毛。

叶 叶长5～20cm；托叶三角状披针形，长约5mm，宽约2mm，两面密被白色短柔毛；叶柄密被褐色腺点和短柔毛；小叶5～17枚，卵形、长卵形或近圆形，长1.5～5cm，宽0.8～3cm，上面暗绿色，下面绿色，两面均密被黄褐色腺点及短柔毛，顶端钝，具短尖，基部圆，边缘全缘或微呈波状，多少反卷。

花 总状花序腋生，具多数花，总花梗短于叶，密生褐色的鳞片状腺点和短柔毛；苞片长圆状披针形，长3～4mm，褐色，膜质，外面被黄色腺点和短柔毛；花萼钟状，长7～14mm，密被黄色腺点及短柔毛，基部偏斜并膨大呈囊状，萼齿5，与萼筒近等长，上部2齿大部分连合；花冠紫色、白色或黄色，长10～24mm，旗瓣长圆形，顶端微凹，基部具短瓣柄，翼瓣短于旗瓣，龙骨瓣短于翼瓣；子房密被刺毛状腺体。

果 荚果弯曲呈镰刀状或呈环状，密集成球，密生瘤状突起和刺毛状腺体。种子3～11粒，暗绿色，圆形或肾形，长约3mm。

引种信息

吐鲁番沙漠植物园 1981年从新疆乌苏甘家湖引进种子，生长发育良好，开花结实正常。

民勤沙生植物园 乡土种。生长发育良好，开花结实正常。

物候

吐鲁番沙漠植物园 3月底芽萌动，4月初展叶；4月中旬现蕾，4月下旬始花，4月底盛花，6月上旬末花；5月初初果，5月底果熟（果实不开裂、不脱落）；10月上旬叶黄，10月下旬叶脱落，10月底叶干枯。

民勤沙生植物园 4月下旬芽萌动、展叶；5月中旬始花，6月上旬盛花，7月中旬末花；7月中旬初果，7月下旬果熟；8月中旬叶黄，11月中旬叶干枯。

迁地栽培要点

喜光，较耐干旱，耐瘠薄，耐轻度盐碱，对土壤要求不严，植苗成活率高。管理粗放，无须修剪、中耕除草、追施肥料等常规管理，果实的虫蚀率高。

主要用途

新疆Ⅰ级保护植物。根和根状茎供药用。地上部分可做骆驼、羊的饲草。

花序

果序

植株

铃铛刺属

Halimodendron Fisch. ex DC.

本属为单种属。

66
铃铛刺

别名： 盐豆木

Halimodendron halodendron (Pall.) Voss in Vilm. Ill. Blumeng. 3. Aufl. 215. 1896.

自然分布

分布内蒙古、新疆、甘肃。生于荒漠盐化沙土和河流沿岸的盐质土上，也常见于胡杨林下。俄罗斯、蒙古、中亚也有。

迁地栽培形态特征

灌木，高0.5～1.5m。

茎 树皮暗灰褐色；分枝密，具短枝；长枝褐色至灰黄色，有棱，无毛；当年生小枝密被白色短柔毛。

叶 叶轴宿存，呈针刺状；小叶倒披针形，长1.2～3cm，宽6～10mm，顶端圆或微凹，有凸尖，基部楔形，初时两面密被银白色绢毛，后渐无毛；小叶柄极短。

花 总状花序生2～5花；总花梗长1.5～3cm，密被绢质长柔毛；花梗细，长5～7mm；花长1～1.6cm；小苞片钻状；花萼长5～6mm，密被长柔毛，基部偏斜，萼齿三角形；旗瓣边缘稍反折，翼瓣与旗瓣近等长，龙骨瓣较翼瓣稍短。

果 荚果长1.5～2.5cm，宽0.5～1.2cm，背腹稍扁，两侧缝线稍下凹，无纵隔膜，先端有喙，基部偏斜，裂瓣通常扭曲；种子小，微呈肾形。

引种信息

吐鲁番沙漠植物园 1977年从新疆达坂城引进种子（引种号1977001），1978年育苗。生长速度中等，长势一般。

物候

吐鲁番沙漠植物园 3月下旬叶芽萌动、展叶；4月上旬现花蕾，4月下旬始花、盛花，5月上旬末花；5月上旬初果，6月下旬果熟；10月下旬秋叶，11月上旬落叶、枯萎。

迁地栽培要点

喜光、抗寒、抗旱、耐热、耐盐。种子繁殖。

主要用途

可改良盐碱土；亦可固沙；栽培可作绿篱。

花枝

叶序

果枝

果枝

植株

岩黄耆属

Hedysarum L.

世界约150种；我国有41种；迁地栽培1种。

67
细枝岩黄耆

别名： 花棒

Hedysarum scoparium Fisch. et Mey. in Schrenk. Enum. Pl. Nov. 1: 87. 1841.

植株

自然分布

分布新疆、青海、甘肃、内蒙古、宁夏。生于半荒漠的沙丘或沙地，荒漠前山冲沟中的沙地。蒙古、哈萨克斯坦、土库曼斯坦也有。

迁地栽培形态特征

灌木，高1~1.5m。

🌿 茎直立，多分枝，幼枝绿色或淡黄绿色，被疏长柔毛，茎皮亮黄色，呈纤维状剥落。

🍃 茎下部叶具小叶7~11，上部的叶通常具小叶3~5，最上部的叶轴完全无小叶或仅具1枚顶生小叶；小叶片灰绿色，线状长圆形或狭披针形，长15~30mm，宽3~6mm，无柄或近无柄，先端锐尖，具短尖头，基部楔形，表面被短柔毛或无毛，背面被较密的长柔毛。

🌸 总状花序腋生；花少数，长15~20mm，疏散排列；苞片卵形；具2~3mm的花梗；花萼钟状，长5~6mm，被短柔毛，萼齿长为萼筒的2/3，上萼齿宽三角形，稍短于下萼齿；花冠紫红色，旗瓣倒卵形或倒卵圆形，长14~19mm，顶端钝圆，微凹，翼瓣线形，长为旗瓣的1半，龙骨瓣通常稍短于旗瓣。

🫐 荚果2~4节，节荚宽卵形，长5~6mm，宽3~4mm，两侧膨大，具明显细网纹和白色密毡毛；种子圆肾形，长2~3mm，淡棕黄色，光滑。

引种信息

吐鲁番沙漠植物园　1972年从宁夏引进种子（引种号1972031），1978年定植。生长速度中等，长势一般。

物候

吐鲁番沙漠植物园　3月下旬叶芽萌动、展叶；4月上旬现花蕾，4月中旬始花，4月中旬至6月上旬盛花，6月中旬末花；4月中旬初果，5月中旬果熟、果裂；10月中旬秋叶，10月下旬落叶，11月上旬枯萎。

迁地栽培要点

喜光、抗寒、抗旱、耐热。种子繁殖。

主要用途

优良固沙植物；幼嫩枝叶为优良饲料，骆驼和马喜食；木材为经久耐燃的薪炭；花为优良的蜜源；种子为优良的精饲料和油料，含油约10%。

花枝

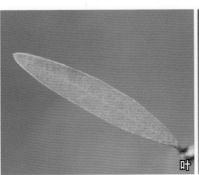
叶

果实

老茎

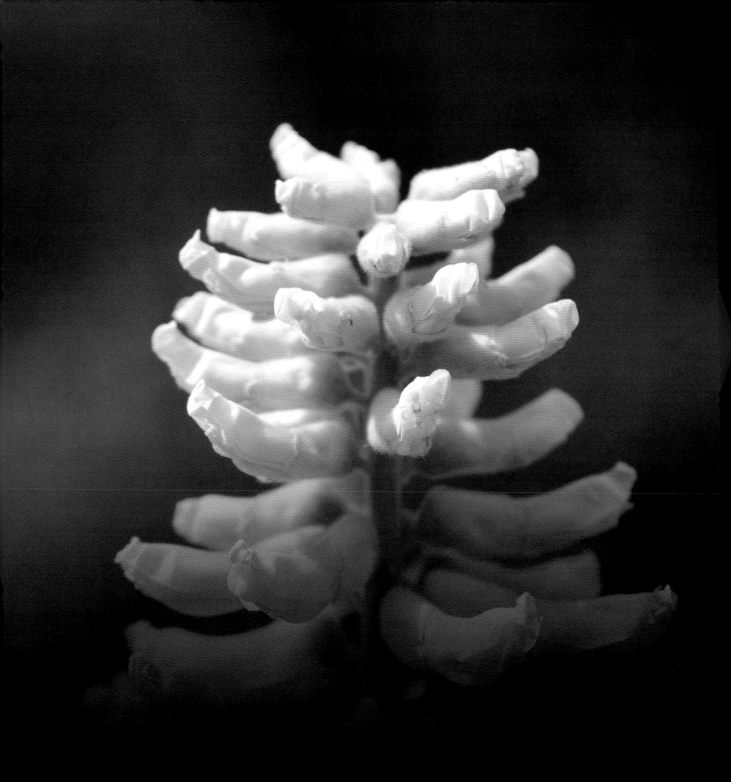

槐属

Sophora L.

世界约70余种；我国有21种14变种2变型；迁地栽培1种。

68
苦豆子

Sophora alopecuroides L. Sp. Pl. 1: 373. 1753.

植株

自然分布

分布我国西北各地及内蒙古、山西、河南、西藏。多生于干旱沙漠和草原边缘地带。俄罗斯、蒙古、中亚也有。

迁地栽培形态特征

多年生草本，高30～40cm。

🌱 茎直立，分枝，枝被白色或淡灰白色长柔毛或贴伏柔毛。

🍃 羽状复叶；托叶钻状；小叶7～13对，对生或近互生，纸质，披针状长圆形，长15～30mm，宽约10mm，先端钝圆或急尖，常具小尖头，基部宽楔形或圆形，上面被疏柔毛，下面毛被较密，中脉上面常凹陷，下面隆起。

🌸 总状花序顶生；花多数，密生；苞片线形，长于花梗；花萼斜钟状，萼齿三角状卵形；花冠白色或淡黄色。

221

果 荚果串珠状，长8～13cm，直，具多数种子；种子卵球形，稍扁，褐色或黄褐色。

引种信息

吐鲁番沙漠植物园 1982年从新疆吐鲁番引进种子（引种号1982007），1983年定植。生长速度中等，长势一般。

物候

吐鲁番沙漠植物园 3月中旬叶芽萌动、展叶；4月中旬现花蕾，4月下旬始花、盛花，5月中旬末花；5月中旬初果，7月中旬果熟；10月下旬秋叶，11月上旬落叶，11月中旬枯萎。

迁地栽培要点

喜光、抗寒、抗旱、耐碱。种子繁殖。

主要用途

在黄河两岸常栽培以固定土沙；有毒；甘肃一些地区作为药用。

植株　　果枝　　花序　　果枝

苦马豆属

Sphaerophysa DC.

世界2种；我国有1种；迁地栽培1种。

69

苦马豆

别名： 红花苦豆子

Sphaerophysa salsula (Pall.) DC. Prodr. 2: 271. 1825.

自然分布

分布我国西北各省区及吉林、辽宁、内蒙古、河北、山西。生于海拔960～3180m的山坡、草原、荒地、沙滩、戈壁绿洲、沟渠旁及盐池周围。俄罗斯、蒙古、中亚也有。

迁地栽培形态特征

半灌木或多年生草本，高0.3～0.4m。

茎 茎直立或下部匍匐，枝开展，具纵棱脊，被疏至密的灰白色丁字毛。

叶 奇数羽状复叶，有柄；托叶线状披针形，被毛；小叶11～21片，倒卵形至倒卵状长圆形，先端微凹至圆，具短尖头，基部圆至宽楔形，两面被白色丁字毛。

花 总状花序常较叶长，长6.5～13cm，生6～16花；苞片线形至钻形；花萼钟状，萼齿三角形，被白色柔毛；花冠初呈鲜红色，后变紫红色。

果 荚果椭圆形至卵圆形，膨胀，长1.7～3.5cm，直径1.7～1.8cm，先端圆，果瓣膜质，外面疏被白色柔毛；种子小，肾形，褐色。

引种信息

吐鲁番沙漠植物园 1986年从新疆安迪尔干引进种子（引种号1986017），1988年定植。生长速度中等，长势一般。

物候

吐鲁番沙漠植物园 3月中旬叶芽萌动、展叶；5月下旬现花蕾，6月上旬始花、盛花，6月中旬末花；6月中旬初果，7月中旬果熟；10月下旬秋叶，11月上旬落叶，11月中旬枯萎。

迁地栽培要点

喜光、抗寒、抗旱、喜盐化草甸、强度钙质性灰钙土上。种子繁殖。

主要用途

植株可作绿肥，亦可作为骆驼、山羊与绵羊的饲料。地上部分含球豆碱；入药可用于产后出血、子宫松弛及降低血压等；可代替麦角。青海西宁西郊民间煎水服，用以催产。

花序

果枝

植株（花期）

植株（果期）

225

蒺藜科
Zygophyllaceae

3属。

白刺属
Nitraria L.

世界11种；我国有6种1变种；迁地栽培4种。

分种检索表

1a. 核果球形，干燥，膨胀，纺锤状；叶狭窄 ·················· 72. 泡果白刺 *N. sphaerocarpa*
1b. 核果多汁，卵形，核卵状锥形；叶较宽。
  2a. 叶较其他种大，全缘或顶端具1~2齿牙；核果长10~18mm ········· 70. 大果白刺 *N. roborowskii*
  2b. 叶均全缘，顶端钝，少渐尖；果不大，果汁暗蓝黑色；核小，卵形。
    3a. 植物高0.5~1m；叶小，倒披针形；爬生灌木 ·················· 71. 西伯利亚白刺 *N. sibirica*
    3b. 植物高1~2m；叶大，长圆状披针形；直立小灌木 ·············· 73. 唐古特白刺 *N. tangutorum*

70
大果白刺

别名： 大白刺、齿叶白刺、罗氏白刺

Nitraria roborowskii Kom. in Acta. Hort. Petrop. 29 (1): 168. 1908.

自然分布

分布新疆、甘肃、内蒙古、青海、宁夏。生于湖盆边缘、绿洲外围沙地，海拔1000～2500m。俄罗斯和蒙古也有。

迁地栽培形态特征

灌木，高1m左右。

茎 平卧铺展分枝，有时直立；树皮淡白色或灰色。不孕枝先端刺针状，嫩枝白色。

叶 2～4片簇生，长20～30mm，宽5～10mm，先端圆钝，有时平截，全缘或先端具不规则2～3齿裂；矩圆状匙形或倒卵形，向基部收缩。

花 淡黄色到白色，花梗短，聚集成卷伞花序，疏被绒毛；花萼在中部以下裂片卵形；花瓣长4～5mm，宽2mm，椭圆形，长于花萼3倍；子房圆锥形，花较其他种稀疏。

果 核果卵形，长12～18mm，直径8～15mm，熟时深红色，果汁淡红色或紫黑色。果核狭卵形，长6～10mm，下部宽约3mm，中果皮硬木质，较厚，顶端6深裂，具有3条三角状披针形宽裂片和3条披针形细裂片，核下部具圆形深孔。

引种信息

吐鲁番沙漠植物园 1985年从新疆新和引进插条和种子。1986年定植。生长发育良好，开花结实正常。

民勤沙生植物园 乡土种。生长发育良好，开花结实正常。

物候

吐鲁番沙漠植物园 3月上旬芽萌动，3月中旬展叶；4月初现蕾，4月下旬始花、盛花，5月初末花；5月上旬初果，6月上旬果熟，7月中旬果脱落；10月下旬叶黄，11月上旬叶脱落，11月中旬叶干枯。

迁地栽培要点

喜光，耐干旱和沙埋，耐瘠薄，耐盐碱，对土壤要求不严，植苗和茎枝扦插均可繁殖。管理粗放，无需修剪、中耕除草、追施肥料等常规管理。

主要用途

为优良固沙植物。本属中果实最大，且酸甜适口，有沙漠樱桃之称，可制饮料销售。果入药可治胃病。枝、叶、果可做家畜饲料。

叶序

果枝

植株

花枝

花枝

71
西伯利亚白刺

别名： 小果白刺、白刺、酸胖、卡密

Nitraria sibirica Pall. Fl. Ross. 1: 80. 1784.

植株

自然分布

分布我国东北、华北、西北各地。生于轻度盐渍化低地、湖盆边缘沙地、沿海盐渍化沙地，海拔700～1600m。中亚、俄罗斯西伯利亚、蒙古也有。

迁地栽培形态特征

灌木，高50cm；多分枝，铺散地面，有时弯曲或直立。

🌿 茎 小枝灰白色，不孕枝先端针刺状。

🍃 叶 近无柄，在嫩枝上4～6片簇生，倒披针形，长5～15mm，宽2～6mm，先端锐尖或钝圆，基部渐窄成楔形，无毛或幼嫩时被柔毛；托叶早落。

🌸 花 小，直径约8mm，黄绿色，排成顶生聚伞花序生于嫩枝顶部，长1～3cm，被疏柔毛；萼片5，绿色，三角形；花瓣5，黄绿色或近白色，矩圆形，长2～3mm；雄蕊10～15，子房3室。

🟣 果 果实近球形或椭圆形，两端钝圆，直径6～8mm，熟时暗红色，果汁暗蓝紫色，味甜而微咸；果核卵形，先端尖，长5～6mm，基部宽3mm，顶端具3条三角状宽裂片和3条披针形细裂片，边缘具细齿，果核基部的圆形洼孔多于其他种；种子1粒。

引种信息

吐鲁番沙漠植物园 1981年从新疆乌苏引进种子。1983年定植。生长发育良好，开花结实正常。

民勤沙生植物园 乡土种。生长发育良好，开花结实正常。

物候

吐鲁番沙漠植物园 3月中旬芽萌动、展叶；4月中旬现蕾，4月下旬始花、盛花，5月初末花；5月初初果，7月上旬果熟，7月中旬果落；10月下旬叶黄，11月上旬叶脱落，11月中旬叶干枯。

迁地栽培要点

喜光，耐干旱和沙埋，耐瘠薄，耐盐碱，对土壤要求不严，植苗和茎枝扦插均可繁殖。管理粗放，无需修剪、中耕除草、追施肥料等常规管理。

主要用途

耐盐碱和沙埋，适于地下水位1～2m深的沙地生长。沙埋能生不定根，积沙形成小沙包。对湖盆和绿洲边缘沙地有良好地固沙作用。枝、叶和果实可作饲料；果实味酸甜，可食，药用，健脾胃、助消化。果核可榨油。

花

叶

花枝

果枝

72

泡果白刺

别名： 泡泡刺、球果白刺、膜果白刺

Nitraria sphaerocarpa Maxim. in Mel. Biol Acad. Sci. Perersb. 11: 657. 1883.

自然分布

分布新疆、内蒙古、甘肃。生于戈壁、山前平原和沙砾质平坦沙地，极耐干旱，海拔700～1280m。蒙古也有。

迁地栽培形态特征

灌木，高50cm左右。

🌿 枝平铺地面，树皮淡白色，多分枝，长25～50cm，弯，不孕枝先端刺针状，嫩枝白色。

🍃 2～3片簇生，近无柄，条形或倒披针状条形，全缘，急尖，长5～25mm，宽2～4mm，先端稍锐尖或钝，全缘；托叶三角形，鳞片状宿存。

🌸 花序长2～4cm，被短柔毛，黄灰色；花梗长1～5mm；萼片5，绿色，被柔毛；花瓣白色，长约2mm。

🍒 未成熟时披针形，先端渐尖，密被黄褐色柔毛，成熟时果皮膨胀成球形、干膜质，果径约1cm；果核狭窄，纺锤形，长8～9mm，具浅沟槽及雕纹，先端渐尖，表面具蜂窝状小孔。

引种信息

吐鲁番沙漠植物园　1980年从新疆哈密引进种子。1982年定植。生长发育良好，开花结实正常。

民勤沙生植物园　乡土种。生长发育良好，开花结实正常。

物候

吐鲁番沙漠植物园　3月下旬芽萌动、展叶；4月中旬现蕾，4月下旬始花、盛花，4月底末花；5月初初果，5月下旬果熟、果落；10月底叶黄，11月上旬叶脱落，11月上旬叶干枯。

迁地栽培要点

喜光，耐干旱和沙埋，耐瘠薄，耐盐碱，对土壤要求不严，植苗和茎枝扦插均可繁殖。管理粗放，无需修剪、中耕除草、追施肥料等常规管理。

主要用途

有固沙作用，也可作骆驼的饲料。

叶序

花枝

幼果

果枝

植株（花期）

73
唐古特白刺

别名： 白刺、酸胖

Nitraria tangutorum Bobr. B Сов. Бот. 14 (1): 19. 1946.

自然分布

分布我国西北各省区及内蒙古、西藏。生于荒漠草原至荒漠带的湖盆边缘、河流阶地、盐化低洼地，山前平原积沙地、有风积沙的黏土地，海拔500~2500m。

迁地栽培形态特征

灌木，高1m左右；多分枝，弯、开展或平卧。

🌿 小枝灰白色，不孕枝先端常成刺状。

🍃 通常在嫩枝上2~4片簇生，宽倒披针形、宽倒卵形或长椭圆状匙形，长1.8~2.5cm，宽5~8mm，顶端常圆钝，很少锐尖，基部渐窄成楔形，全缘，稀先端齿裂。

🌼 花序顶生，花较稠密，黄白色，具短梗。

🍒 核果卵形，有时椭圆形，熟时深红色，果汁玫瑰色，长8~12mm，直径6~9mm；果核窄卵形，上部渐尖，长5~8mm，宽3~4mm，顶端具裂片，裂片边缘具细齿，基部有圆形的洼孔。

引种信息

吐鲁番沙漠植物园 1975年从新疆奇台引进种子。1979年定植。生长发育良好，开花结实正常。

民勤沙生植物园 乡土种。生长发育良好，开花结实正常。

物候

吐鲁番沙漠植物园 3月上旬芽萌动，3月中旬展叶；4月初现蕾，4月下旬始花、盛花，5月初末花；5月上旬初果，6月上旬果熟，7月中旬果落；10月下旬叶黄，11月上旬叶脱落，11月上旬叶干枯。

民勤沙生植物园 4月上旬芽萌动，4月下旬展叶；5月中旬始花，5月下旬盛花，6月中旬末花；7月中旬初果，8月上旬果熟；8月下旬叶黄，9月中旬叶脱落，11月中旬叶干枯。

迁地栽培要点

喜光，耐干旱和沙埋，耐瘠薄，耐盐碱，对土壤要求不严，植苗和茎枝扦插均可繁殖。管理粗放，无需修剪、中耕除草、追施肥料等常规管理。

主要用途

固沙植物。果入药，亦可加工饮料或果酱。枝、叶、果可做家畜饲料。

幼果

花枝

果枝

幼果、熟果和枝叶

植株（花期）

叶序

骆驼蓬属

Peganum L.

世界6种；我国有3种；迁地栽培1种。

74
骆驼蓬

别名： 臭古朵

Peganum harmala L. Sp. Pl. 444. 1753.

植株

自然分布

分布宁夏、内蒙古、甘肃、新疆、西藏。生于荒漠地带干旱草地、绿洲边缘轻盐渍化沙地、壤质低山坡或河谷沙丘。蒙古、中亚、西亚、印度、地中海地区及非洲北部也有。

迁地栽培形态特征

多年生草本，高40cm左右。

茎 茎直立或开展，由基部多分枝。

叶 叶互生，卵形，全裂为3~5条形或披针状条形裂片，裂片长1~3.5cm，宽1.5~3mm。

花 花单生枝端，与叶对生；萼片5，裂片条形，有时仅顶端分裂；花瓣黄白色，倒卵状矩圆形，长1.5~2cm，宽6~9mm；雄蕊15，花丝近基部宽展；子房3室，花柱3。

果 蒴果近球形，种子三棱形，稍弯，黑褐色、表面被小瘤状突起。

引种信息

吐鲁番沙漠植物园 1981年从新疆阜康引进种子（引种号1981028），1982年定植。生长速度中等，长势一般。

物候

吐鲁番沙漠植物园 3月下旬叶芽萌动、展叶；4月中旬现花蕾，4月下旬始花、盛花，6月上旬末花；5月上旬初果，8月中旬果熟，8月下旬果裂；10月下旬秋叶，11月上旬落叶，11月中旬枯萎。

迁地栽培要点

喜光、抗寒、抗旱、耐热、耐轻度盐碱。种子繁殖。

主要用途

种子可做红色染料；榨油可供轻工业用；全草入药，治关节炎，又可做杀虫剂。叶子揉碎能洗涤泥垢，代肥皂用。

花　叶　果实　花枝

霸王属

Zygophyllum L.

世界100余种；我国有19种5变种（亚种）；迁地栽培2种。

分种检索表

75
驼蹄瓣

别名： 骆驼蹄瓣

Zygophyllum fabago L. Sp. Pl. 385. 1753.

植株

自然分布

分布内蒙古、甘肃、青海和新疆。生于冲积平原、绿洲、湿润沙地和荒地。中亚、伊朗、伊拉克、叙利亚也有。

迁地栽培形态特征

多年生草本，高30~40cm。

茎 茎多分枝，枝条开展或铺散，光滑，基部木质化。

叶 托叶革质，卵形或椭圆形，绿色，茎中部以下托叶合生，上部托叶较小，披针形，分离；叶柄显著短于小叶；小叶1对，倒卵形、矩圆状倒卵形，长15~33mm，宽6~20cm，质厚，先端圆形。

花 花腋生；花梗长4~10mm；萼片卵形或椭圆形，先端钝，边缘为白色膜质；花瓣倒卵形，与萼片近等长，先端近白色，下部橘红色；雄蕊长于花瓣，长11~12mm，鳞片矩圆形，长为雄蕊之半。

果 蒴果矩圆形或圆柱形，长2~3.5cm，宽4~5mm，5棱，下垂。种子多数，表面有斑点。

引种信息

　　吐鲁番沙漠植物园　　1981年从新疆乌苏引进种子（引种号1981014），1983年定植。生长速度较快，长势良好。

物候

　　吐鲁番沙漠植物园　　3月中旬叶芽萌动、展叶；4月中旬现花蕾、始花，4月下旬盛花，5月下旬末花；4月下旬初果，8月上旬果熟，8月下旬果落；9月中旬秋叶，9月下旬落叶、枯萎。

迁地栽培要点

　　喜光、抗寒、抗旱、耐热。种子繁殖。

主要用途

　　牲畜不吃；根入药，主治气滞腹胀。

花

叶

果枝

果枝

76

霸王

别名： 木霸王

Zygophyllum xanthoxylon (Bge.) Maxim. Enum. Pl. Mongol. 124. 1889.

植株

自然分布

分布内蒙古、甘肃、宁夏、新疆、青海。生于荒漠和半荒漠的沙砾质河流阶地、低山山坡、碎石低丘和山前平原。蒙古也有。

迁地栽培形态特征

灌木，高50~100cm。

🌱 枝弯曲，开展，皮淡灰色，木质部黄色，先端具刺尖，坚硬。

241

叶 叶在老枝上簇生，幼枝上对生；叶柄长8～25mm；小叶1对，长匙形，狭矩圆形或条形，长8～24mm，宽2～5mm，先端圆钝，基部渐狭，肉质。

花 花生于老枝叶腋；萼片4，倒卵形，绿色，长4～7mm；花瓣4，倒卵形或近圆形，淡黄色，长8～11mm；雄蕊8，长于花瓣。

果 蒴果近球形，长18～40mm，翅宽5～9mm，常3室，每室有1种子。种子肾形。

引种信息

吐鲁番沙漠植物园 1975年从新疆达坂城引进种子（引种号1975004），1980年定植。生长速度较快，长势良好。

物候

吐鲁番沙漠植物园 3月中旬叶芽萌动、展叶；3月中旬现花蕾，3月下旬始花、盛花，4月中旬末花；4月中旬初果，7月中旬果熟，7月下旬果落；10月下旬秋叶、落叶，11月上旬枯萎。

迁地栽培要点

喜光、抗寒、抗旱、耐热。种子繁殖。

主要用途

饲用植物；可作燃料并可阻挡风沙；根入药，行气散满，治腹胀。

花

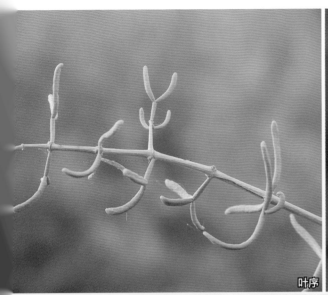

叶序

果枝

果枝

243

柽柳科
Tamaricaceae

仅1属。

柽柳属
Tamarix

世界约90种；我国有20种；迁地栽培14种。

分种检索表

1a. 花为4数，总状花序春季侧生去年老枝上。

2a. 总状花序粗壮，长达6~25cm，花在花序上呈紧密穗状排列，苞片长披针形，长于花萼；叶基明显具耳·······81. **长穗柽柳 *T. elongata***

2b. 总状花序较短，最长不超过6cm。

3a. 苞片长或等于花梗，苞片鳞甲状，具透明内弯钻状小弯头，花瓣淡绿粉白色；茎杆直立呈发亮紫红色·······78. **紫杆柽柳 *T. androssowii***

3b. 苞片短于花梗。

4a. 花序只有0.5~3cm长，苞片长不超过花梗的1/2处，且膜质半透明，匙形；花期早，3月末到4月初·······87. **短穗柽柳 *T. laxa***

4b. 总状花序生于去年老枝上，苞片长匙形，花梗比苞片长3倍；春花4数，夏花5数·······83. **异花柽柳 *T. gracilis***

1b. 花为5数(或少数有4数花混生)，总状花序生于去年老枝上或夏季生于当年枝顶形成圆锥花序。

5a. 花序上的花4、5数混生·······82. **甘肃柽柳 *T. gansuensis***

5b. 花序上的花全为5数。

6a. 叶成鞘状，全部抱茎·······90. **沙生柽柳 *T. taklamakanensis***

6b. 叶不成鞘状或不完全抱茎。

7a. 花后花瓣脱落。

8a. 一、二年生枝，花序轴被腺毛；茎上叶基具耳。

9a. 枝上有乳头状短毛；叶几抱茎；花瓣半开张，花后花瓣宿存或部分脱落·······86. **盐地柽柳 *T. karelinii***

9b. 枝叶密被短直毛；叶卵状披针形，具发达耳，花开张时反折·······84. **刚毛柽柳 *T. hispida***

77

白花柽柳

Tamarix albiflonum M. T. Liu. 新疆林业科技 (1): 31-34, 1994; 新疆植物志 (简本): 356, 2014.

植株

自然分布

零星分布于新疆尉犁新地沟山谷、和硕金沙滩北戈壁、鄯善七克台戈壁以及甘肃敦煌库木塔格沙漠。

迁地栽培形态特征

灌木，高 2m 左右。野生灌木，最高达 4m。

🌿 **茎** 老枝树皮灰褐色，茎和小枝条开展、密生；一年生长枝多向上直伸，皮为淡红色、红色。

🌿 **叶** 绿色营养枝上的小叶叶基抱茎，卵形、卵状披针形或三角状卵形，长 1～2mm，宽 0.5mm，叶长，渐尖；木质化生长枝上的叶半抱茎，长卵形，渐尖，略向外伸。

🌿 **花** 春季总状花序组成复总状侧生去年生老枝上，花序长 4～5cm，1cm 有花 10 朵左右；夏季花序生当年生枝顶组成圆锥花序，花序长 2～4cm，1cm 有花 15 朵，苞片披针形，与花梗等长，花 5 数，花瓣纯白色而且透明，倒卵形，雄蕊 5，花药两半不对称，即一半大一半小，花丝长于子房，柱头 3 个，短而粗，为子房的1/3长，花丝着生在花盘裂片间，花冠充分张开，花后花瓣即落。

🍎 果实淡绿色或浅黄色，长4mm，内有种子10余枚。

引种信息

　　吐鲁番沙漠植物园　1983年从新疆尉犁县新地沟引进插条。1984年定植。生长发育良好，开花结实正常。

物候

　　吐鲁番沙漠植物园　3月中旬芽萌动，3月下旬展叶；4月中旬现蕾、始花、盛花、末花；5月中旬初果，5月下旬果熟、果裂；10月上旬叶黄，10月底叶脱落，11月上旬叶干枯。

迁地栽培要点

　　喜光，耐干旱，抗风蚀与沙埋，耐瘠薄，耐轻度盐碱，喜砂土或砂壤土，植苗和茎枝扦插成活率均高。管理粗放，无须修剪、中耕除草、追施肥料等常规管理，虽有食嫩枝的害虫，危害不严重。

主要用途

　　中国特有种。柽柳属唯一纯白色花的种类，为园林绿化的优良树种，枝和叶是羊、驴、骆驼的饲料，木材坚硬，为优良的薪炭柴。

花枝

当年生枝

老茎

78

紫杆柽柳

别名: 直杆紫杆柽柳

Tamarix androssowii Litw. in Sched. Herb. Fl. Ross. 5: 41. 1905.

花果枝

自然分布

分布新疆、甘肃、内蒙古及宁夏。生于荒漠河谷沙地,流沙边缘和湖盆边缘沙地,盐渍化洼地。蒙古和中亚也有。

迁地栽培形态特征

大灌木,高2m左右。野生可呈小乔木状,最高达5m。

🌿 **茎** 茎直伸,暗棕红色或紫红色,光亮;当年生木质化生长枝直伸,淡红绿色,营养小枝几丛生长枝上直角伸出。

🍃 **叶** 生长枝上的叶淡绿色,贴茎生,微具耳;营养枝上的叶卵形,有内弯的尖头,边缘膜质,叶基下延,全叶2/3贴茎生。

🌸 **花** 总状花序侧生在去年生的生长枝上,花序长2～5cm,宽3～5mm,单生或1～3朵簇生;营养小枝同时成簇生出，基部有总梗长0.5～1cm，疏生鳞片状苞叶；苞片长圆状卵形，先端钝，具有软骨质钻状尖头，略向内弯，长0.7～1mm，比花梗短或等长；花梗长1～1.5mm；花4数，小；花萼卵形，长0.7～1mm，比花瓣短1/3，突尖，具龙骨状突起，边缘膜质，具细裂齿，花后开展；花瓣淡白色或白色，倒卵形，长1～1.5mm，宽0.7mm，互相靠合，花后略开张，果时大多宿存；花盘小，肥厚，紫红色，4裂，裂片向上渐收缩为花丝的基部；雄蕊4，花丝与花瓣等长或略长，基部变宽，生花盘裂片顶端（假顶生），花药暗紫红色或黄色，先端具尖突果时宿存；子房狭圆锥形，花柱3，短，棍棒状。

果 蒴果小，狭圆锥形，长4～5mm，宽1mm（基部）。种子黄褐色。

引种信息

吐鲁番沙漠植物园 1981年从新疆乌苏引进种子。1983年定植。生长发育一般，开花结实量少。

物候

吐鲁番沙漠植物园 3月下旬芽萌动、展叶；3月底现蕾，4月中旬始花、盛花，4月下旬末花；4月下旬初果、果熟，4月底果裂；10月初叶黄，10月下旬叶脱落，10月底叶干枯。

迁地栽培要点

喜光，耐干旱，抗风蚀与沙埋，耐瘠薄，耐轻度盐碱，喜砂土或砂壤土，植苗和茎枝扦插成活率均高。管理粗放，无须修剪、中耕除草、追施肥料等常规管理，虽有食嫩枝的害虫，危害不严重。

主要用途

生长迅速，耐沙埋，埋后会迅速生出新枝新根，为固沙造林的优良树种。茎杆端直，质硬坚实，比重大，颜色紫红光亮，是制作各种农具柄把的好材料；嫩枝叶是羊和骆驼饲料。还可作饲料。

果枝　　花序　　老茎　　老茎　　幼果与茎枝

79

密花柽柳

Tamarix arceuthoides Bge. in Mem. Acad sci. St. Petersb. Sav. Etr. 7: 295 (Beitr. Kenntn. Fl. Russl. Stepp. Centr.-As. 119. 1852.) 1854.

行道树

自然分布

分布新疆、甘肃。生于山地和山前河流两旁的沙砾戈壁滩上及季节性流水的干砂、砾质河床上。中亚、伊拉克、伊朗、阿富汗、巴基斯坦和蒙古也有。

迁地栽培形态特征

大灌木，高3m左右。野生为灌木或为小乔木，最高可达7m。

🌿 老枝树皮浅红黄色或淡灰色，小枝开展，密生，一年生枝多向上直伸，树皮红紫色。

叶 绿色营养枝上的叶几抱茎，卵形、卵状披针形或几三角状卵形，长1~2mm，宽0.6mm，长渐尖或骤尖，鳞片状贴生或以直角向外伸，略下延，鲜绿色，边缘常为软骨质；木质化生长枝上的叶半抱茎，长卵形，短渐尖，多向外伸，略圆或锐下延，微具耳。

花 总状花序主要生在当年生枝条上，长3~6cm，宽2.5~4mm，花小而着花极密，通常集生成簇，有时成稀疏的顶生圆锥花序，夏初出现，直到9月，有时（在山区）总状花序春天出生在去年的枝条上；苞片卵状钻形或条状披针形，针状渐尖，长1~1.5mm，与花萼等长或甚至比花萼（包括花梗）长；花梗长不到1mm，比花萼短或几等长；花萼深5裂，萼片卵形或卵状三角形，略钝，长0.5~0.7mm，几短于花瓣的1/2，宽约0.3mm，边缘膜质白色透亮，近全缘，外面两片较内面三片钝，花后紧包子房；花瓣5，充分开展，倒卵形或椭圆形，白色或粉红色至紫色，长1~1.7mm，宽0.5mm，花后脱落；花盘深5裂，每裂片顶端常凹缺或再深裂成10裂片，裂片常呈紫红色；雄蕊5，花丝细长，常超出花瓣1~2倍，通常着生花盘二裂片间，花药小，钝或有时具短尖头；子房长圆锥形，花柱3，短。

果 蒴果小而狭细，长约3mm，直径0.7mm，高出紧贴蒴果的萼片4倍左右。

引种信息

吐鲁番沙漠植物园 1973年从新疆吐鲁番采种育苗。1980年定植。生长发育良好，开花结实正常。

物候

吐鲁番沙漠植物园 3月中旬芽萌动，3月下旬展叶；4月中旬现蕾，4月下旬始花，4月底盛花，5月初/9月中旬末花；5月初初果，5月中旬果熟、果裂；10月上旬叶黄，11月上旬叶脱落，11月中旬叶干枯。

迁地栽培要点

喜光，耐干旱，抗风蚀与沙埋，耐瘠薄，耐轻度盐碱，喜砂土或砂壤土，植苗和茎枝扦插成活率均高。管理粗放，无须修剪、中耕除草、追施肥料等常规管理，虽有食嫩枝的害虫，危害不严重。

主要用途

本种是荒漠山区和山前花期最长、最美丽的树种，但耐盐性不及其他柽柳，可作山区和山前河流两岸、沙砾质戈壁滩上优良的绿化造林树种。枝叶是羊的好饲料，亦可作薪材用。

花枝

果枝

茎

当年生枝

花序与茎枝

花枝

果序

植株

新发枝叶

植株

80

甘蒙柽柳

Tamarix austromongolica Nakai in Journ. Jap. Bot. 14: 289. 1938.

植株

自然分布

　　分布青海、甘肃、宁夏、内蒙古、陕西、山西、河北及河南等地。生于盐渍化河漫滩及冲积平原、盐碱沙荒地及灌溉盐碱地边。

迁地栽培形态特征

　　大灌木，高2.5m左右。野生有高大乔木，最高达22m。

　🌿 树干和老枝栗红色，枝直立；幼枝及嫩枝质硬直伸而不下垂。

　🍃 叶灰蓝绿色，木质化生长枝上基部的叶阔卵形，急尖，上部的叶卵状披针形，急尖，长2～3mm，先端均呈尖刺状，基部向外鼓胀；绿色嫩枝上的叶长圆形或长圆状披针形，渐尖，基部亦向外鼓胀。

花 春夏秋均开花。春季总状花序自去年生的木质化的枝上发出,侧生,花序轴质硬而直伸,长3～4cm,宽0.5cm,着花较密,有短总状花梗或无梗;有苞叶或无,苞叶蓝绿色,宽卵形,突渐尖,基部渐狭;苞片线状披针形,浅白或带紫蓝绿色;花梗极短。夏、秋总状花序较春季的狭细,组成顶生大型圆锥花序,生于当年生幼枝上,多挺直向上;萼片5,卵形,急尖,绿色,边缘膜质透明;花瓣5,倒卵状长圆形,淡紫红色,顶端向外反折,花后宿存;花盘5裂,顶端微缺,紫红色;雄蕊5,伸出花瓣之外,花丝丝状,着生于花盘裂片间,花药红色;子房三棱状卵圆形,红色,花柱与子房等长,柱头3,下弯。

果 蒴果长圆锥形,长约5mm。

引种信息

吐鲁番沙漠植物园 1981年从甘肃兰州水保站引种。1982年定植。生长发育尚可,开花结实量少。

民勤沙生植物园 1982年引自甘肃兰州。生长发育良好,开花结实正常。

物候

吐鲁番沙漠植物园 3月下旬芽萌动、展叶;4月下旬现蕾,4月底始花,5月初盛花,5月上旬末花;5月上旬初果,5月中旬果熟、果裂;10月上旬叶黄,10月下旬叶脱落,10月底叶干枯。

迁地栽培要点

喜光,耐干旱,抗风蚀与沙埋,耐瘠薄,耐轻度盐碱,喜砂土或砂壤土,植苗和茎枝扦插成活率均高。管理粗放,无须修剪、中耕除草、追施肥料等常规管理,虽有食嫩枝的害虫,危害不严重。

主要用途

本种性喜水,也能耐干旱、盐碱和霜冻,为黄河中游半干旱和半湿润地区、黄土高原及山坡的主要水土保持林和用柴林造林树种;枝条坚韧,为编织原料;老枝用作农具柄。

嫩枝与叶　花序　果枝

植株　茎枝

81

长穗柽柳

Tamarix elongata Ledeb. Fl. Alt. 1: 421. 1829.

盛开的花枝

自然分布

　　分布新疆、甘肃、青海、宁夏和内蒙古。生于荒漠区河谷阶地、干河床、沙丘、冲积平原，具不同程度盐渍化的土壤上。可以在地下水深5～10m的地方生长；习见，但不能成为建群种，多散生在其他柽柳群落中。中亚、俄罗斯西伯利亚地区和蒙古也有。

迁地栽培形态特征

　　大灌木，高2～3m。

　　茎 枝短而粗壮，挺直，末端粗钝，老枝灰色，去年生枝淡灰黄色或淡灰棕色；营养小枝淡黄绿色而有灰蓝的色调。

　　叶 生长枝上的叶较大，披针形、线状披针形或线形，长 4～10mm，宽1～3mm，渐尖或急尖，向外伸，下面扩大，基部宽心形，背面隆起，1/3抱茎，具耳；营养小枝的叶心状披针形或披针形，半抱茎，短下延，微具耳，向上披针形紧缩。在生长枝的叶腋内，秋天生出长达5mm的浅黄色花芽。

花 总状花序侧生在去年生枝上，春天于叶发前或叶发时出现，单生，粗壮，长6~15cm，通常长约12cm，粗0.4~0.8cm，基部有具苞片的总花梗，总花梗长1~2cm；苞片线状披针形或宽线形，渐尖，淡绿色或膜质，长3~6mm，明显地超出花萼（连花梗）或与花萼等长，宽0.3~0.7mm，花时略向外倾，花末向外反折；花梗比花萼略短或等长。花较大，4数，花萼深钟形，卵形，基部略结合，边缘膜质，稍具齿牙；花瓣卵状椭圆形或长圆状倒卵形，两侧不等，先端圆钝，长2~2.5mm，宽1~1.3mm，盛花时充分张开向外折，粉红色，花后脱落；假顶生花盘薄，4裂；雄蕊4（偶有6~7），与花瓣等长或略长，花丝基部变宽，逐渐过渡到花盘裂片；花药钝或顶端具小突起，粉红色；子房卵状圆锥形，长1.3~2mm，几无花柱，柱头3。

果 蒴果卵状披针形，形为子房，长4~6mm，宽2mm，果皮枯草质，淡红色或橙黄色。

引种信息

吐鲁番沙漠植物园 1972年从新疆莫索湾引种。1980年定植。生长发育良好，开花结实正常。

民勤沙生植物园 乡土种。生长发育良好，开花结实正常。

物候

吐鲁番沙漠植物园 3月下旬芽萌动，3月底展叶；4月上旬现蕾，4月中旬始花、盛花，4月底末花；4月底初果，5月上旬果熟、果裂；10月初叶黄，10月下旬叶脱落，10月底叶干枯。

民勤沙生植物园 4月上旬芽萌动，4月下旬展叶；4月中旬始花、盛花，5月下旬末花；5月下旬初果，5月上旬果熟；9月上旬叶黄，9月下旬叶脱落，11月上旬叶干枯。

迁地栽培要点

可用茎枝扦插或种子直播进行繁殖，植苗和茎枝扦插成活率均高。喜光，耐干旱，抗风蚀与沙埋，耐瘠薄，耐轻度盐碱，喜砂土或砂壤土。管理粗放，无须修剪、中耕除草、追施肥料等常规管理，虽有食嫩枝的害虫，危害不严重。

主要用途

本种为荒漠地区盐渍化沙地良好的固沙、造林树种，嫩枝为羊、骆驼和驴的饲料；枝干是优良的薪炭材；枝叶入药，能解热透疹，祛风湿利尿。

嫩枝与叶

花序

成熟果序

嫩枝与叶

植株

嫩枝

种絮

花枝

植株

花枝

82

甘肃柽柳

Tamarix gansuensis H. Z. Zhang in Acta Bot. Bor.-Occ. Sin. 8 (4): 259. f. 1. 1988.

自然分布

分布新疆、内蒙古、甘肃、青海。生于荒漠河岸、湖边滩地、沙丘边缘。不同程度的盐渍化土壤上，亦能集成风积沙堆——红柳包。多散生在柽柳群落中，很少成为建群种。

迁地栽培形态特征

灌木，高2~3m。

茎 茎和老枝紫褐色或棕褐色，枝条稀疏。

叶 披针形，长2~6mm，宽0.5~1mm，基部半抱茎，具耳。

花 总状花序侧生于去年生枝上，单生，长6~8cm，宽约5mm；苞片卵状披针形或阔披针形，渐尖，长1.5~2.5mm，薄膜质，易脱落；花梗长1.2~2mm，花5数为主，混生有不少4数花，稀有以4数为主，混生有5数花；花萼基部略结合，萼片卵圆形，边缘膜质，先端渐尖，长约1mm，宽约0.5mm；花瓣淡紫色或粉红色，卵状长圆形，先端钝，长约2mm，宽1~1.5mm，花后脱落一部分；花盘紫棕色，5裂，裂片钝或微凹；雄蕊5，花丝细长，长达3mm，多超出花冠，着生于花盘裂片间，或裂片顶端（假顶生），4数花之花盘4裂，花丝着生于花盘裂片顶端；子房狭圆锥状瓶形，花柱3，柱头头状，伸出花冠之外。

果 蒴果圆锥状，有种子25~30粒。

引种信息

吐鲁番沙漠植物园 1981年从甘肃兰州水保站引种。1982年定植。生长发育良好，开花结实正常。

物候

吐鲁番沙漠植物园 3月下旬芽萌动、展叶；4月上旬现蕾，4月中旬始花、盛花，4月下旬末花；4月下旬初果，5月上旬果熟、果裂；10月上旬叶黄，10月下旬叶脱落，10月底叶干枯。

迁地栽培要点

喜光，耐干旱，抗风蚀与沙埋，耐瘠薄，耐轻度盐碱，喜砂土或砂壤土，植苗和茎枝扦插成活率均高。管理粗放，无须修剪、中耕除草、追施肥料等常规管理，虽有食嫩枝的害虫，危害不严重。

主要用途

中国特有种。荒漠地区绿化树种，地下水位高处的固沙造林植物。可用作薪柴。

果枝

花枝

老茎

嫩枝与叶

植株

83
异花柽柳

别名： 翠枝柽柳

Tamarix gracilis Willd. in Abh. Phys. Kl. Akad. Wiss. Berlin, 1812-1813: 81. pl. 25. 1816.

植株

自然分布

分布甘肃、新疆、青海、内蒙古。生于荒漠和干草原地区河湖岸边、阶地、盐渍化盐碱滩、沙丘地上。俄罗斯、中亚、蒙古也有。

迁地栽培形态特征

灌木，高2.5m左右。野生灌木最高可达4m。

🟤 **茎** 枝粗壮，皮灰绿色或棕栗色，老枝具淡黄色木栓质斑点。

🟤 **叶** 生长枝上的叶较大，长超过4mm，披针形，抱茎；营养枝上的叶大小不一，长1～4mm，披针形至卵状披针形或卵圆形，渐尖，下延，抱茎，具耳，覆瓦状排列。

花 总状花序春季生于去年枝上，单一，长达5cm，宽约9mm，花4数；夏季总状花序长4~7cm，生于当年生枝顶，形成大型稀疏的圆锥花序，花5数，花冠直径约4.5mm，春季花较夏季花略大；苞片春花为长匙形，渐尖，基部变宽，背面向外略隆起，长约1.5~2mm，约与花梗等长或略长；同一花序上兼有4数花和5数花；花梗约比苞片长3倍，长1.5mm左右；萼片三角状卵形，边缘膜质，具齿，长约1mm，基部略连合，外面2片较大，绿色，边缘膜质，具细牙齿，钝，稀近尖；花瓣倒卵圆形或椭圆形，长约2.5~3mm，花盛开时充分开展并向外弯，鲜粉红或淡紫色，花后脱落；花盘肥厚，紫红色，4或5裂；雄蕊4或5，花丝与花瓣等长或较长，高出花瓣1/2，花丝宽线形，向基部渐变宽，生于花盘裂片顶端（假顶生），偶见生于花盘裂片间；花药紫色或粉红色，具小短尖头，钝或微缺；花柱3，短。

果 蒴果较大，圆锥形，长4~7mm，宽约2mm，果皮薄纸质，常发亮。

引种信息

吐鲁番沙漠植物园 1979年从甘肃兰州水保站引种。1982年定植。生长发育良好，开花结实正常。

物候

吐鲁番沙漠植物园 3月下旬芽萌动、展叶；3月上旬现蕾，4月初始花，4月上旬盛花，4月中旬末花；4月中旬初果，4月下旬果熟、果裂；10月初叶黄，10月中旬叶脱落，10月底叶干枯。

迁地栽培要点

喜光，耐干旱，抗风蚀与沙埋，耐瘠薄，耐轻度盐碱，喜砂土或砂壤土，植苗和茎枝扦插成活率均高。管理粗放，无须修剪、中耕除草、追施肥料等常规管理，虽有食嫩枝的害虫，危害不严重。

主要用途

花大而美丽，可作为荒漠地区绿化、固沙造林树种；亦可用作薪柴。

花序

花枝

嫩枝与叶

花

幼果

果实开裂

老茎

植株

84

刚毛柽柳

别名: 毛红柳

Tamarix hispida Willd. in Abh. Phys. Kl. Akad. bliss. Berlin. 1812-1813.

植株

自然分布

分布新疆、内蒙古、甘肃、宁夏和青海。生于荒漠地区河湖沿岸、河漫滩冲积、淤积平原和风积沙堆、沙漠边缘不同类型的盐渍化土壤上;次生盐渍化的灌溉田地上有时也有生长。中亚、伊朗、阿富汗和蒙古也有。

迁地栽培形态特征

灌木,高2.5m左右。野生呈灌木或小乔木状,高达5~6m。

🌿 老枝树皮红棕色、浅红黄灰色或赭灰色,幼枝淡红或赭灰色,全体密被单细胞短直毛。

🍃 木质化生长枝上的叶卵状披针形或狭披针形,渐尖,基部宽而钝圆,背面向外隆起,耳发达,抱茎达1/2,淡灰黄色或苍绿色,绿色营养嫩枝上的叶心状卵形至阔卵状披针形,长0.8~2.2mm,宽

263

0.5~0.7mm，渐尖，具短尖头，向内弯，背面向外隆起，基部具耳，半抱茎，被密柔毛。

花 夏、秋总状花序生当年枝顶，密集成大型紧缩圆锥花序，总状花序长5~7cm，宽 3~5mm；苞片狭三角状披针形，渐尖，全缘，基部背面圆丘状隆起，基部之上变宽，向尖端则为狭披针形，长1~1.5mm，几等于、有时略长于花萼（包括花梗）；花梗短，长0.5~0.7mm，比花萼短或几相等；花萼5深裂，长约为花瓣的1/3，萼片卵圆形，长0.7~1mm，宽0.5mm，稍钝或近尖，边缘膜质半透明具细牙齿，特别在顶端齿更细密，外面两片急尖，背面微有龙骨状隆起；花瓣5，鲜紫红色或鲜红色，通常倒卵形至长圆状椭圆形，长约2mm，宽0.6~1mm，开张，上半部向外反折，花后脱落；花盘5裂，渐变为扩展的花丝的基部；雄蕊5，对萼，伸出花冠之外，花丝基部变粗，有蜜腺，花药心形，顶端钝，常具小尖头；子房下粗上细，长瓶状，柱头3，极短。

果 蒴果瓶状狭长锥形，长4~6mm，宽1mm，比萼片长4~5倍以上，壁薄，颜色有金黄色、淡红色、鲜红色、红棕色以至紫色，含种子约15粒。

引种信息

吐鲁番沙漠植物园 1972年从新疆石河子引种。1980年定植。生长发育良好，开花结实正常。

民勤沙生植物园 1982年引自甘肃玉门市。生长发育良好，开花结实正常。

物候

吐鲁番沙漠植物园 3月下旬芽萌动、展叶；8月中旬现蕾，8月下旬始花，8月底盛花，9月下旬末花；9月上旬初果，10月中旬果熟，10月底果裂；10月下旬叶黄，10月底叶脱落，11月上旬叶干枯。

迁地栽培要点

喜光，耐干旱，抗风蚀与沙埋，耐瘠薄，耐轻度盐碱，喜砂土或砂壤土，植苗和茎枝扦插成活率均高。管理粗放，无须修剪、中耕除草、追施肥料等常规管理，虽有食嫩枝的害虫，危害不严重。

主要用途

本种花色艳丽，是改良土壤、绿化的优良植物种。秋季开花，极美丽，适于荒漠地区低湿盐碱沙化地固沙、绿化造林之用，并用作薪柴。

花枝

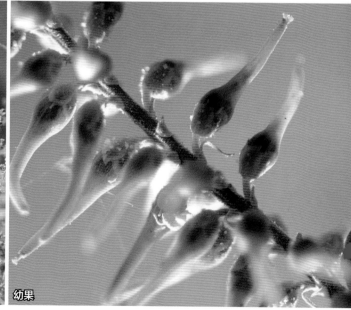
幼果

嫩枝与叶　　　　　老茎　　　　　老茎

嫩枝　　　　　当年生枝

种絮　　　　　种絮

85

多花柽柳

别名： 霍氏柽柳

Tamarix hohenackeri Bge. Tent. Gen. Tamar. 44. 1852.

植株

自然分布

分布新疆、青海、甘肃、宁夏、内蒙古和青海。生于荒漠河岸林中，荒漠河、湖沿岸沙地广阔的冲积淤积平原上的轻度盐渍化土壤上。中亚、伊朗、蒙古、欧洲也有。

迁地栽培形态特征

灌木或小乔木，高3m左右。野生为灌木或小乔木，高达6~7m。

茎 老枝树皮灰褐色，二年生枝条呈暗红紫色。

叶 小，绿色营养枝上的叶线状披针形或卵状披针形，长2～3.5mm，长渐尖或急尖，具短尖头，向内弯，边缘干膜质，略具齿，半抱茎；木质化生长枝上的叶几抱茎，卵状披针形，渐尖，基部膨胀，下延。

花 春夏季均开花。春季总状花序侧生于去年生木质化的老枝上，长1.5～9cm，宽4～7mm，多为数个簇生，无总花梗，或有长达2cm的总花梗；夏季总状花序生于当年生幼枝顶端，集成少而疏松或稠密的短圆锥花序；苞片条状长圆形、条形或倒卵状狭长圆形，略具龙骨状肋，突尖，常呈干薄膜质，长1～2mm；花梗与花萼等长或略长；花5数；萼片卵圆形，长1mm，先端钝尖，边缘膜质，齿牙状，内面三片比外面二片略钝；花瓣卵形、椭圆形或近圆形，至少在下半端呈龙骨状，长1.5～2mm，宽0.7～1mm，比花萼长1倍，常互相靠合致花冠呈鼓形或球形，玫瑰色或粉红色，果时宿存；花盘肥厚，暗紫红色，5裂，裂片顶端钝圆或微凹；雄蕊5，与花瓣等长或略长（比花瓣长1/3），花丝渐狭细，着生在花盘裂片间，花药心形，钝（或具短尖头）；花柱3，棍棒状匙形。

果 蒴果长4～5mm，超出花萼多倍。

引种信息

吐鲁番沙漠植物园 1975年从新疆皮山引种。1980年定植。在吐鲁番引种效果显著。生长发育良好，开花结实正常。

民勤沙生植物园 乡土种。生长发育良好，开花结实正常。

物候

吐鲁番沙漠植物园 3月中旬芽萌动，3月下旬展叶；4月上旬现蕾，4月中旬始花，4月下旬盛花，4月底末花；4月底初果，5月上旬果熟，5月中旬果裂；10月初叶黄，10月下旬叶脱落，10月底叶干枯。

迁地栽培要点

喜光，耐干旱，抗风蚀与沙埋，耐瘠薄，耐轻度盐碱，喜砂土或砂壤土，植苗和茎枝扦插成活率均高。管理粗放，无须修剪、中耕除草、追施肥料等常规管理，虽有食嫩枝的害虫，危害不严重。

主要用途

据记载，本种能耐–32.9℃的严寒，且花期又长，是荒漠平原沙区的主要绿化和固沙造林树种。新疆柽柳属中，本种最高大，可达10m，成为乔木，是优质薪柴。

花序

果枝

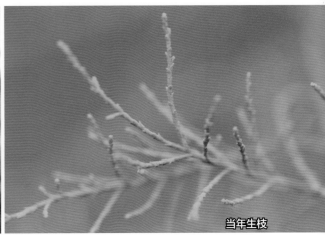
当年生枝

嫩枝与叶

花序

茎

植株

花枝

植株

老茎

86
盐地柽柳

别名： 短毛柽柳

Tamarix karelinii Bge. Tent. Gen. Tamar. 68. 1852.

自然分布

分布新疆、甘肃、青海和内蒙古。生于荒漠地区河湖沿岸，沙漠边缘不同类型的盐渍化土壤上。蒙古、中亚、伊朗、阿富汗也有。

迁地栽培形态特征

大灌木，高2.5m左右。野生可为乔木状大灌木，最高可达7m。

茎 枝杆粗壮，树皮紫褐色，木质化当年生枝灰紫色或淡红棕色；枝光滑，偶微具糙毛，具不明显乳头状突起。

叶 卵形、卵状披针形，急尖、内弯，几半抱茎，基部钝，稍下延；长1~1.5mm，宽0.5~1mm。

花 总状花序长5~15cm，宽2~4mm，生于当年生枝顶，集成开展的大型圆锥花序；苞片披针形，急尖成钻状，基部扩展，长1.7~2mm，与花萼（包括花梗）几相等或比花萼长；花梗长0.5~0.7mm；花萼长约1mm，萼片5，近圆形，钝，边缘膜质半透明，近全缘，长达0.75mm；花瓣倒卵状椭圆形，长约1.5mm，比花萼长一半多，钝，直出或靠合，上部边缘内弯，背部向外隆起，深红色或紫红色，花后部分脱落；花盘小，薄膜质，5裂，裂片逐渐变为宽的花丝基部；雄蕊5，伸出花冠之外，亦常与花冠等长，花丝基部具退化的蜜腺组织，花药有短尖头；花柱3，长圆状棍棒形。

果 蒴果长3~5mm，高出花萼5~6倍；种子长0.5mm，紫黑色。

引种信息

吐鲁番沙漠植物园 1980年从新疆莫索湾引进种子。1982年定植。生长发育良好，开花结实正常。

民勤沙生植物园 引种信息不详。生长发育良好，开花结实正常。

物候

吐鲁番沙漠植物园 3月下旬芽萌动、展叶；8月中旬现蕾、始花，8月下旬盛花，9月上旬末花；9月上旬初果，9月下旬果熟，9月底果裂；10月上旬叶黄，11月上旬叶脱落，11月中旬叶干枯。

迁地栽培要点

喜光，耐干旱，抗风蚀与沙埋，耐瘠薄，耐盐碱，喜砂土或砂壤土，植苗和茎枝扦插成活率均高。管理粗放，无须修剪、中耕除草、追施肥料等常规管理，虽有食嫩枝的害虫，危害不严重。

主要用途

本种耐盐碱，可作盐碱沙区固沙植物及绿化居民点的树种。

植株

当年生枝叶

果实开裂

幼果

老茎

花序

花枝

87
短穗柽柳

Tamarix laxa Willd. in Abh. Phys. Ki. Acad. Wiss. Berlin 1812-1813: 82. 1816.

植株（果期）

自然分布

分布我国西北各省区及内蒙古。生于荒漠河流阶地、湖盆和沙丘边缘，土壤强盐渍化或为盐土上。俄罗斯、中亚、蒙古、伊朗和阿富汗也有。

迁地栽培形态特征

灌木，高1.5m左右。

🌿 老枝灰色或灰褐色，幼枝灰色、淡红灰色或棕褐色，小枝短而直伸，脆而易折断。

🍃 黄绿色，披针形、卵状长圆形至菱形，长约1~2mm，宽约0.5mm，渐尖或急尖，先端具短尖头，1/3抱茎，基部变狭而略下延，边缘狭膜质。

🌸 总状花序侧生于去年生的老枝上，早春绽发，短而粗，长达4cm，宽5~7mm，花稀疏，被有稀疏长圆形的棕色鳞被；苞片卵形，长椭圆形，先端钝，边缘膜质，上半部软骨质，常向内弯，淡棕色或淡绿色，长不超过花梗一半；花梗长约2mm；萼片4，长约1mm，卵形，钝，渐尖，果时外弯，边缘膜质，外面两片具龙骨状突起；花瓣4，粉红或紫红色，稀淡白粉红色，略呈长圆状椭圆形至长

271

圆状倒卵形，长约2mm，花时充分开展，并向外反折，花后脱落；花盘4裂，肉质，暗紫红色；雄蕊4，与花瓣等长或略长，花丝基部变宽，生花盘裂片顶端（假顶生）；花药红紫色，钝，有小头或突尖；花柱3，短，顶端有头状之柱头。

果 蒴果狭，圆锥形，长4mm左右，草质。

引种信息

吐鲁番沙漠植物园 1972年从新疆吐鲁番当地引种。1978年定植。生长发育良好，开花结实正常。

民勤沙生植物园 乡土种。生长发育良好，开花结实正常。

物候

吐鲁番沙漠植物园 3月底芽萌动，4月初展叶；3月上旬现蕾，3月底始花，4月初盛花，4月上旬末花；4月上旬初果，4月中旬果熟、果裂；10月初叶黄，10月底叶脱落，10月底叶干枯。

民勤沙生植物园 3月下旬芽萌动，4月下旬展叶；5月上旬始花，5月下旬盛花，6月上旬末花；6月上旬初果，6月中旬果熟；9月上旬叶黄，9月下旬叶脱落，11月上旬叶干枯。

迁地栽培要点

喜光，耐干旱，抗风蚀与沙埋，耐瘠薄，耐盐碱，喜砂土或砂壤土，植苗和茎枝扦插成活率均高。管理粗放，无须修剪、中耕除草、追施肥料等常规管理，虽有食嫩枝的害虫，危害不严重。

主要用途

早春开花发叶早，分枝多、耐盐性强，灌丛比较低矮，在荒漠地区可以不依赖潜水生活，为荒漠地区盐碱沙地的优良固沙造林树种；枝、叶可作羊、骆驼饲料。

幼果

花序

种絮

花蕾

花

花枝

茎与花序

植株（花期）

老茎

88
细穗柽柳

Tamarix leptostachys Bge. in Mem. Aci. sci. Petersb. Sav. Etr. 7: 293 (Beitr. Kenntn. Fl. Russl. Steep. centr. Asia 117. 1852) 1854.

植株

自然分布

　　分布新疆、内蒙古、甘肃、宁夏、青海。生于荒漠地区盆地下游的潮湿河谷阶地和松陷盐土上，丘间低地，河湖沿岸，河漫滩和灌溉绿洲的盐土上。中亚、蒙古也有。

迁地栽培形态特征

　　灌木，高2.5m。野生灌木，最高可达6m。

　　🌿 老枝树皮青灰色、淡棕色、浅灰红色或火红色；当年生木质化生长枝灰紫色或火红色，小枝略紧靠。

叶 生长枝上的叶狭卵形或卵状披针形，半抱茎，急尖、略下延；营养枝上的叶狭卵形，卵状披针形，长1～5mm，宽0.5～3mm（基部），急尖，下延。

花 总状花序细长，长4～12cm，宽2～3mm，向上直伸，总花梗长0.5～2.5cm，生于当年生幼枝顶端，集成顶生密集的球形或卵状的大型圆锥花序（花后花枝停止生长，另在下部抽出生长枝，向上迅速生长）；苞片钻形或长披针形，渐尖，直伸，长1.2mm左右，与花梗等长或与花萼几等长；花梗与花萼等长或略长；花5数，小；花萼长0.7～0.9mm，萼片卵形，长0.5～0.6mm，宽0.4mm，钝渐尖，边缘窄膜质；花瓣倒卵形，钝，长约1.5mm，宽0.5mm，紫色或玫瑰色，长于花萼约1倍，一半向外弯，早落；花盘5裂，偶各再2裂成10裂片；雄蕊5，花丝细长，伸出花冠之外，较花瓣长2倍，花丝基部变宽，着生在5个花盘裂片的顶端，偶见每一花盘裂片再2裂，则雄蕊生于花盘裂片间，花药心形，无尖突；子房细圆锥形，花柱3。

果 蒴果细，长1.8mm，宽0.5mm，高出花萼2倍以上。

引种信息

吐鲁番沙漠植物园 1975—1979年从新疆莫索湾引种。1978年定植。生长发育良好，开花结实正常。

民勤沙生植物园 乡土种。生长发育良好，开花结实正常。

物候

吐鲁番沙漠植物园 3月下旬芽萌动、展叶；4月中旬现蕾，5月初始花，5月上旬盛花，5月中旬末花；5月中旬初果，5月下旬果熟、果裂；10月初叶黄，10月下旬叶脱落，10月底叶干枯。

迁地栽培要点

喜光，耐干旱，抗风蚀与沙埋，耐瘠薄，耐轻度盐碱，喜砂土或砂壤土，植苗和茎枝扦插成活率均高。管理粗放，无须修剪、中耕除草、追施肥料等常规管理，虽有食嫩枝的害虫，危害不严重。

主要用途

本种为最美丽多花的红柳，花色艳丽，因而是荒漠盐土绿化造林的优良树种。亦可作为饲料、薪炭材。

当年生枝与叶

花序

幼果

当年生枝　　当年生枝与叶　　花枝　　果枝

老茎　　花枝　　幼果

植株（花期）

89

多枝柽柳

Tamarix ramosissima Ledeb. Fl. Alt. 1: 424. 1829.

植株

自然分布

分布西藏、新疆、青海、甘肃、内蒙古和宁夏。生于河漫滩、泛滥带、河岸、湖岸、河谷阶地上，沙丘及砂质和黏土质盐碱化的平原上。东欧、俄罗斯、中亚、伊朗、阿富汗和蒙古也有。

迁地栽培形态特征

大灌木，高3m左右。野生呈灌木或小乔木状，最高可达6m。

🌿 老枝暗灰褐色，当年生木质化的生长枝淡红或橙黄色，长而直伸，有分枝，第二年生枝则颜色渐变淡。

🍃 叶在二年生木质化生枝上呈条状披针形，基部短，变宽，半抱茎，略下延；绿色营养枝上叶短卵圆形或三角状心形，长2~5mm，急尖，略向内倾，几抱茎，下延。

🌸 总状花序春季组成复总状生在去年生枝上，花序长3~4（5）cm，宽4~5mm，花整齐紧密地排在枝的两边，于夏秋生当年生枝顶端，组成顶生圆锥花序，花序长2~3（5）cm，总花梗长为0.2~1cm，苞片披针形，长1~3mm；花梗与花萼等长或略长，花5数，萼片卵形，边缘膜质，具齿；花瓣倒卵形，直伸，靠合，形成闭合的酒杯花冠，宿存，淡红色、紫红色或粉白色；花盘5裂，雄蕊5，花丝基部不变宽，着生于花盘裂片间；花柱3，棍棒状。

果 蒴果三棱圆锥形瓶状，长3~4mm，比花萼长3~4倍。

引种信息

吐鲁番沙漠植物园 1972—1979年从新疆莫索湾、若羌及内蒙古引种。1979年定植。生长发育良好，开花结实正常。

民勤沙生植物园 乡土种。生长发育良好，开花结实正常。

物候

吐鲁番沙漠植物园 3月中旬芽萌动，3月下旬展叶；4月中旬现蕾，4月下旬始花，5月中旬盛花，10月中旬末花；5月中旬初果，5月下旬果熟、果裂；10月中旬叶黄，10月底叶脱落，11月上旬叶干枯。

民勤沙生植物园 3月下旬芽萌动，4月中旬展叶；5月下旬始花，7月中旬盛花，8月下旬末花；4月中旬初果，8月下旬果熟；10月上旬叶黄，10月上旬叶脱落，11月中旬叶干枯。

迁地栽培要点

喜光，耐干旱，抗风蚀与沙埋，耐瘠薄，耐盐碱，喜砂土或砂壤土，植苗和茎枝扦插成活率均高。管理粗放，无须修剪、中耕除草、追施肥料等常规管理，虽有食嫩枝的害虫，危害不严重。

主要用途

本种是广布种，开花繁密而花期长，是很有价值的居民点绿化树种。本种也是沙漠地区盐化沙土上、沙丘上和河湖滩地上固沙造林和盐碱地上绿化造林的优良树种。幼枝含单宁（8%）；枝条可编筐用，二、三年生枝用做杈齿，编耱，粗枝可用作农具把柄。嫩枝叶是羊和骆驼的好饲料。

花序

当年生枝叶

幼果

种絮

幼果

老茎

花枝

植株

灌丛

90
沙生柽柳

别名： 塔克拉玛干柽柳

Tamarix taklamakanensis M. T. Liu in Acta Phytotax. Sin. 17 (3): 120. f. 1. 1979.

植株

自然分布

分布新疆塔里木盆地塔克拉玛干沙漠及东面的库木塔格沙漠，一直延续到甘肃敦煌的西沿。生于远离河床和湖盆的沙丘上。

迁地栽培形态特征

灌木，高2.5m左右。野生为大灌木，最高可达6m。

茎 茎直立，树皮多呈黑紫色，光亮；细枝多呈褚石色，一、二年生枝条细而软，常下垂。

叶 叶退化成鞘状，全部抱茎，枝如分节一般，但在萌蘖嫩枝上叶尖部分外伸，黄绿色。

花 总状花序于夏秋生当年生木质化生长枝的顶端，集成顶生疏松的大圆锥花序，每一总状花序长5~7cm，宽6~8mm，着花稀疏，1cm内仅有花3朵；苞片三角形管状，基部宽，半抱茎，约为花梗长的1/2；萼片5，卵形，边缘膜质，淡黄绿色；花5出，花冠直径4～5.5mm，粉红色，半开张，花后不久脱落，花盘5裂；雄蕊5，着生于花盘裂片顶端，花丝粗壮，比花柱短，基部稍膨大，花药心形，顶端钝圆，无突起；花柱3，基部联合，较长，有时弯曲。

果 蒴果圆锥瓶状，长5～7mm，宽2.5mm，3瓣裂；种子15～20枚；种子大，短棒状，长2～2.5mm，宽0.7mm，黑紫色，顶端丛生白色毛。

引种信息

吐鲁番沙漠植物园　1979—1983年从新疆若羌、民丰流沙区引进插条。1980年定植。在非盐渍化土壤上生长表现不及野生植株，但可少量开花结实。

民勤沙生植物园　1992年从新疆塔克拉玛干沙漠引进插条繁殖。生长正常。

物候

吐鲁番沙漠植物园　3月下旬芽萌动、展叶；8月上旬现蕾，8月中旬始花，8月中旬至9月中旬盛花，9月中旬末花；8月中旬初果，8月下旬果熟、果裂；10月上旬叶黄，10月底叶脱落，11月上旬叶干枯。

迁地栽培要点

喜光，耐干旱，抗风蚀与沙埋，耐瘠薄，耐轻度盐碱，喜砂土或砂壤土，植苗和茎枝扦插均可，但成活率不高。管理粗放，需水较多，无须修剪、中耕除草、追施肥料等常规管理。

主要用途

中国特有种。被列入《中国植物红皮书》Ⅱ级保护，易危植物；新疆Ⅰ级保护植物。本种是我国荒漠地区流动沙丘上最抗旱耐炎热的固沙造林树种。茎秆可作各种工具柄把。嫩枝叶可作饲料。茎皮含单宁8.9%。

花枝

花序

幼果

花果

种子

嫩枝与叶

老茎

植株

花序与枝叶

胡颓子科
Elaeagnaceae

仅1属。

胡颓子属
Elaeagnus L.

世界约80种；我国约有55种；迁地栽培2种。

分种检索表

1a. 花盘短圆柱形，具长管，仅顶端裂片内面被短白毛；果大；叶宽 ……… 91. **大果沙枣 E. moorcroftii**

1b. 花盘圆柱形，圆锥形或鳞茎状，顶端有簇毛，少钟，果小，叶窄 ……………… 92. **尖果沙枣 E. oxycarpa**

91
大果沙枣

别名： 大沙枣

Elaeagnus moorcroftii Wall. ex Schlecht. in DC. Prodr. 14, 610, 1857.

植株

自然分布

分布西藏、新疆。生于河滩、河岸阶地，与胡杨组成荒漠河岸林。蒙古也有。本种是亚洲中部特有种，往西未分布到中亚地区，与之相近的是土库曼胡颓子。

迁地栽培形态特征

落叶乔木，高达7m。

茎 嫩枝被白色腺鳞，小枝淡红色，少具刺或无刺。

叶 叶被白色腺鳞，花枝的叶卵形或阔披针形，长3～4cm，宽1.5cm，全缘；果期叶增大，矩圆形或矩圆状披针形，长5～8cm，宽2～2.5cm，先端钝；叶柄长1～1.5cm。

花 花被白色腺鳞，花被筒外面银白色，内面黄色；花被裂片近三角形，先端伸长，达花被筒的

1/3～1/2，内面具3脉；花盘短圆柱形，具长管，包围花柱1/2或以上，仅顶端裂片内面被短白毛。花柱稍长于雄蕊。

果 果被白色腺鳞，果实较大，椭圆形至阔椭圆形，长1.7～2.6cm，直径1～1.5cm，发黄或红色；果核窄椭圆形，先端钝，基部尖。

引种信息

吐鲁番沙漠植物园 1972年从新疆吐鲁番采种育苗。1975年定植。

民勤沙生植物园 引种信息不详。生长发育良好，能开花结实。

物候

吐鲁番沙漠植物园 3月中旬芽萌动，3月下旬展叶；4月初现蕾，4月中旬始花，4月下旬盛花，4月底末花；5月初初果，8月中旬果熟、果落（或不落）；10月下旬叶黄，11月中旬叶脱落，11月中旬叶干枯。

迁地栽培要点

喜光，耐干旱，抗风沙，耐瘠薄，耐轻度盐碱，对土壤无严格要求，有根瘤菌能提高土壤肥力，种子繁殖出苗率低，且果实变小，多采取茎枝扦插育苗繁殖，成活率可到80％以上。管理粗放，无须修剪、中耕除草、追施肥料等常规管理，病虫害种类较多，注意防治。

主要用途

新疆Ⅱ级保护植物。是沙漠地区地下水较高地段或有灌溉条件地区优良固沙造林树种。叶、枝为家畜优良饲料；果实可供食用或酿酒；花为蜜源，也可提取香料；皮、果胶、叶、花可供药用；木材坚硬，可作家具、农具等。还是荒漠地区重要的薪炭材。

叶

花序

叶

叶序

花蕾与叶

果枝

花序

花和叶

果枝与茎

92
尖果沙枣

Elaeagnus oxycarpa Schlecht. in Linnaea, 30: 344. 1860.

果枝

自然分布

　　分布新疆、甘肃。生于戈壁沙滩或沙丘的低洼潮湿地区、田边、路旁，海拔300～1500m。中亚也有。

迁地栽培形态特征

　　落叶乔木，高5m左右，具细长的刺。野生乔木最高可达20m。

　　🌿 幼枝密被银白色鳞片，老枝鳞片脱落，圆柱形，红褐色。

　　🍃 纸质，窄矩圆形至线状披针形，长3～7cm，宽0.6～1.2cm，顶端钝尖或短渐尖，基部楔形或近圆形，边缘浅波状，微反卷，上面灰绿色，下面银白色，两面均密被银白色鳞片，中脉在上面微凹，侧脉7～9对，两面不甚明显；叶柄细，长6～10mm，上面有浅沟，密被白色鳞片。

　　🌸 白色略带黄色，常1～3朵花簇生于新枝下部叶腋；萼筒漏斗形或钟形，长约4mm，喉部宽

287

3mm，在子房上部收缩，裂片长卵形，长约3mm，宽约2mm，顶端短渐尖，内面黄色，疏被白色星状柔毛；雄蕊4，花丝淡白色，长0.4mm，花药长椭圆形，长2mm；花柱圆柱形，顶端弯曲近环形，长5.6～6.5mm；花盘发达，长圆锥形，长1～1.9mm，顶端有白色柔毛。

🔴果 果实球形或近椭圆形，长9～10mm，直径6mm，乳黄色至橙黄色，具白色鳞片；果肉粉质，味甜；果核骨质，椭圆形，长8～9.8mm，直径4～5mm，具8条较宽的淡褐色平肋纹；果梗长3～6mm，密被银白色鳞片。

引种信息

吐鲁番沙漠植物园　1972年从新疆吐鲁番采种育苗。1975年定植。生长发育良好，能开花结实。

物候

吐鲁番沙漠植物园　3月中旬芽萌动，3月下旬展叶；4月初现蕾，4月中旬始花，4月下旬盛花，4月底末花；5月初初果，8月中旬果熟、果落地或不落；10月下旬叶黄，11月中旬叶脱落，11月中旬叶干枯。

迁地栽培要点

喜光，耐干旱，抗风沙，耐瘠薄，耐盐碱，对土壤无严格要求，有根瘤菌能提高土壤肥力，植苗和茎枝扦插成活率均高。管理粗放，无须修剪、中耕除草、追施肥料等常规管理，病虫害种类较多，注意防治。

主要用途

新疆Ⅱ级保护植物。是沙漠地区地下水较高地段或有灌溉条件地区的优良固沙造林树种。果实、叶、枝为家畜优良饲料；果肉含有糖分、淀粉、蛋白质、脂肪和维生素，可供食用；亦可酿酒、制醋；花为蜜源，也可提取香料；皮、果胶、叶、花可供药用；木材坚硬，可作家具、农具等。还是荒漠地区重要的薪炭材。

叶序

花枝

果枝

花蕾与叶

果枝

树皮

植株

289

仅1属。

千屈菜属
Lythrum L.

世界约35种；我国有4种；迁地栽培1种。

93

千屈菜

Lythrum salicaria L. Sp. Pl. ed. 1. 446. 1753.

花

自然分布

分布全国各地，亦有栽培；生于河岸、湖畔、溪沟边和潮湿草地。亚洲其他国家、欧洲、非洲的阿尔及利亚、北美和澳大利亚也有。

迁地栽培形态特征

多年生草本，高40~60cm，全株青绿色。

🌱 茎直立，多分枝，略被粗毛或密被茸毛，枝通常具4棱。

🍃 叶对生或三叶轮生，披针形或阔披针形，长4~6cm，宽8~15mm，顶端钝形或短尖，基部圆形或心形，有时略抱茎，全缘，无柄。

🌸 花组成小聚伞花序，簇生，因花梗及总梗极短，花枝形似穗状花序；苞片阔披针形至三角状

291

卵形；萼筒有纵棱12条，稍被粗毛，裂片6，三角形；花瓣6，红紫色或淡紫色，倒披针状长椭圆形，基部楔形，长7～8mm，着生于萼筒上部，有短爪；雄蕊12，6长6短，伸出萼筒之外；子房2室，花柱长短不一。

果 蒴果扁圆形。

引种信息

吐鲁番沙漠植物园 引种记录不详。生长速度较慢，长势较差。

物候

吐鲁番沙漠植物园 4月上旬叶芽萌动、展叶；6月中旬现花蕾、始花，6月下旬盛花，7月下旬末花；6月下旬初果，8月中旬果熟、果落；10月中旬秋叶，10月下旬落叶，11月中旬枯萎。

迁地栽培要点

喜光、喜水湿、抗寒。种子繁殖。

主要用途

花卉植物，华北、华东常栽培于水边或作盆栽，供观赏，亦称水枝锦、水芝锦或水柳。全草入药，治肠炎、痢疾、便血；外用于外伤出血。

叶

花枝

花枝

植株

白花丹科
Plumbaginaceae

仅1属。

补血草属
Limonium Mill.

世界约300种；我国有17~18种；迁地栽培3种。

分种检索表

1a. 萼大，长5mm以上，漏斗状，基部明显偏斜，檐部宽，宽2~7mm；花萼与花冠均为黄色·············
···94. **黄花补血草 *L. aureum***

1b. 萼小，长2.5~4mm，倒圆锥状至狭漏斗状，基部几不偏斜，檐部窄，宽1~1.5mm。

　2a. 除基生叶外，花序轴最下部的叶无柄，花序轴下部节上的叶基抱茎(脱落后留有环痕)·············
···96. **耳叶补血草 *L. otolepis***

　2b. 叶全部基生，大而厚略黄质，不具柄，花序轴上无叶和环痕·············95. **大叶补血草 *L. gmelinii***

94
黄花补血草

别名： 金色补血草、黄花矶松

Limonium aureum (L.) Hill. Veg. Syst. 12: 37. ind. t. 37. f. 4. 1767.

植株

自然分布

分布我国东北、华北和西北各地。生于土质含盐的砾石滩、黄土坡和砂土地上。俄罗斯、蒙古、中亚也有。

迁地栽培形态特征

多年生草本，高20～40cm，全株（除萼外）无毛。

🌱 茎基往往被有残存的叶柄和红褐色芽鳞。

🍃 叶基生，常早凋，通常长圆状匙形至倒披针形，长1.5～3cm，宽2～5mm，先端圆或钝。有时急尖，下部渐狭成平扁的柄。

🌸 花序圆锥状，花序轴2至多数，绿色，密被疣状突起，由下部作数回叉状分枝，往往呈"之"字形曲折，下部的多数分枝成为不育枝；穗状花序位于枝顶端，由3～5个小穗组成；小穗含2～3花；外苞宽卵形；萼漏斗状，基部偏斜，萼檐金黄色（干后有时变橙黄色）；花冠橙黄色。

果 蒴果倒卵形或矩圆形，长约2.2mm，具5棱，藏于宿存的花萼内。

引种信息

吐鲁番沙漠植物园　1992年从新疆哈密引进种子（引种号1992018），1993年定植。生长速度较慢，长势较差。

物候

吐鲁番沙漠植物园　3月中旬叶芽萌动、展叶；4月下旬现花蕾、始花，5月中旬盛花，9月中旬末花；5月上旬初果，6月下旬至10月下旬果熟，11月中旬果落；10月下旬秋叶、落叶，11月中旬枯萎。

迁地栽培要点

喜光、抗寒、抗旱、耐热、耐轻度盐碱。种子繁殖。

主要用途

含有矾松素、鞣质等。全草入药，有止痛、消炎、活血、补血的作用；可治月经不调、高血压、神经痛、牙痛、感冒、耳鸣及疮疖痈肿。维吾尔医还用于乳汁不足。

花枝　　花枝　　花枝

植株

95

大叶补血草

Limonium gmelinii (Willd.) Kuntze Rev. Gen. Pl. 2: 395. 1891.

植株（花期）

自然分布

分布新疆北部。生于盐渍化的荒地上和盐土上，低洼处常见。欧洲、蒙古、哈萨克斯坦也有。

迁地栽培形态特征

多年生草本，高60～100cm。

茎 茎基部具残遗枯叶柄。

叶 叶基生，较厚硬，长圆状倒卵形、长椭圆形或卵形，宽大，长10～30cm，宽3～8cm，先端通常钝或圆，基部渐狭成柄，下面常带灰白色，开花时叶不凋落。

花 伞房状圆锥状花序由多数穗状花序组成，小穗含1～3花；外苞片宽卵形，先端急尖或钝，第一内苞片长于外苞片，先端钝或圆，第二内苞片很小；萼倒圆锥形，萼筒基部和脉上被毛，萼檐淡紫色至白色；花冠蓝紫色，稀白色。

果 种子长卵圆形，长约2mm，宽0.6mm，深紫棕色。

引种信息

吐鲁番沙漠植物园 1983年从新疆奇台引进野生苗（引种号1983010），当年定植。生长速度较快，长势良好。

物候

吐鲁番沙漠植物园 3月上旬叶芽萌动，3月中旬展叶；5月下旬现花蕾，6月上旬始花，6月下旬盛花，7月中旬末花；7月中旬初果，9月中旬果熟，10月中旬果落；11月上旬秋叶，11月下旬落叶、枯萎。

迁地栽培要点

喜光、抗寒、抗旱、耐热、耐轻度盐碱。种子繁殖。

主要用途

根含各种黄酮体、杨梅树皮苷、芸香苷、杨梅树皮素、异鼠李素、槲皮素、杨梅树皮素甲醚、四羟基黄酮。全草入药，治功能性子宫出血、尿血、痔疮出血、脱肛、痈疽、子宫内膜炎、宫颈糜烂等。另，本种植物根部含单宁较多（10%~18%），民间用以鞣革。

植株（花期）

基生叶

花枝

96

耳叶补血草

Limonium otolepis (Schrenk) Kuntze Rev. Gen. Pl. 2: 396. 1891.

植株

自然分布

分布新疆北部和甘肃河西走廊。生于平原地区盐土和盐渍化土壤上。阿富汗、中亚、伊朗也有。

迁地栽培形态特征

多年生草本，高40～60cm。

茎 有暗红褐色而通常上部直立的根状茎，上端成肥大的茎基。

叶 叶基生莲座状，倒卵状匙形，全缘或稍缺刻状，先端钝或圆，基部渐狭成细扁的柄。花序轴少数或单一，直立，下部节上有阔卵形至肾形抱茎的叶，上部圆锥状分枝。

花 圆锥状花序由多数穗状花序组成，小穗含1～2花；外苞片宽卵形，膜质，第一内苞片长于外苞片1倍，第二内苞片小；萼倒圆锥形，萼檐白色具红色脉纹；花冠淡蓝紫色。

果 种子卵形，棕色。

引种信息

吐鲁番沙漠植物园　2008年从新疆昌吉引进种子（引种号zdy545），2009年定植。生长速度较快，长势良好。

物候

吐鲁番沙漠植物园　3月中旬叶芽萌动、展叶；5月上旬现花蕾，5月中旬始花、盛花，10月上旬末花；5月下旬初果，7月中旬果熟，10月下旬果落；11月上旬秋叶，11月下旬落叶、枯萎。

迁地栽培要点

喜光、抗寒、抗旱、耐热、耐轻度盐碱。种子繁殖。

主要用途

根提供鞣革原料，用于鞋底皮革的鞣制；亦可作染料。蜜源植物；秋冬季绵羊和骆驼喜食。

花果枝　幼苗　不育枝　叶

夹竹桃科

Apocynaceae

2属。

罗布麻属

Apocynum L.

世界约14种；我国有1种；迁地栽培1种。

97

罗布麻

别名： 野麻、红麻、茶叶花、小花罗布麻

Apocynum venetum L. Sp. Pl. ed. 1: 213. 1753.

居群

自然分布

    分布新疆、青海、甘肃、陕西、山西、河南、河北、江苏、山东、辽宁及内蒙古等地。生于盐碱荒地和沙漠边缘及河流两岸、冲积平原、湖泊周围及戈壁荒滩上。现广布于欧洲及亚洲温带地区。

迁地栽培形态特征

    直立半灌木，高0.5～1.5m，植株含乳汁。

🌿 茎直立，枝条对生或互生，圆筒形，光滑无毛，紫红色或淡红色。

🍃 叶对生或分枝处近对生，叶片椭圆状披针形至卵圆状长圆形，长1～5cm，宽0.5～1.5cm，顶端急尖至钝，具短尖头，基部急尖至钝，叶缘具细牙齿，两面无毛，具短柄。

花 圆锥状聚伞花序一至多歧，通常顶生；花小，花梗被短柔毛；苞片膜质，披针形；花萼钟状，5深裂，裂片披针形；花冠圆筒状钟形，紫红色或粉红色，两面密被颗粒状突起，花冠筒长6~8mm，直径2~3mm。

果 蓇葖2，平行或叉生，下垂，圆筒形，长8~20cm，直径2~3mm，顶端渐尖，基部钝，外果皮棕色，无毛，有纸纵纹；种子多数，卵圆状长圆形，黄褐色，顶端有一簇白色绢质的种毛。

引种信息

吐鲁番沙漠植物园　1987年从新疆达坂城引进种子（引种号1987026），1988年定植。生长速度较快，长势良好。

物候

吐鲁番沙漠植物园　3月中旬叶芽萌动、展叶；4月中旬现花蕾，4月下旬始花，5月上旬盛花，8月下旬末花；5月中旬初果，7月中旬至10月上旬果熟，10月上旬果裂；10月中旬秋叶，10月下旬落叶、枯萎。

迁地栽培要点

喜光、喜水湿、抗寒、耐热、耐轻度盐碱。种子或根茎繁殖。

主要用途

新疆Ⅰ级保护植物。茎皮纤维柔韧，细长，为纺织及高级用纸的原料；叶含胶量达5%，可作轮胎原料；叶入药，能清热利尿，平肝安神。主治高血压、头晕、心悸、失眠；嫩叶蒸炒后可代茶用；本种花多芳香，花期长，并有发达的腺体，是良好的蜜源植物。

花

叶序　　花枝　　果实

白麻属

Poacynum Baill.

世界约2种；我国全产；迁地栽培1种。

98

大叶白麻

别名： 野麻、大花罗布麻

Poacynum hendersonii (Hook. f.) Woodson in Ann. Missouri Bot. Gard. 17: 167. 1930.

居群

自然分布

分布新疆、青海和甘肃等省区。生于盐碱荒地和沙漠边缘及河流两岸冲积平原水田和湖泊周围。蒙古、哈萨克斯坦也有。

迁地栽培形态特征

直立半灌木，高0.5～1.5m，植株含乳汁。

🌱 茎直立，多分枝，枝条倾向茎的中轴，无毛。

叶 叶坚纸质，互生，叶片椭圆形至卵状椭圆形，顶端急尖或钝，具短尖头，基部楔形或浑圆，无毛，叶片长 3～4cm，宽 1～1.5cm，叶缘具细牙齿；中脉在叶背凸起，侧脉纤细；叶柄基部及腋间具腺体，老时脱落。

花 圆锥状聚伞花序一至多歧，顶生；总花梗、花梗、苞片及花萼外面均被白色短柔毛；花萼5裂，裂片卵状三角形；花冠骨盆状，下垂，花张开直径 1.5～2cm，外面粉红色，内面稍带紫色，花冠裂片反折，宽三角形；副花冠裂片5枚，着生在花冠筒的基部。

果 蓇葖2枚，叉生或平行，倒垂，长而细，圆筒状，顶端渐尖，幼嫩时绿色，成熟后黄褐色，长 10～30cm，直径 0.3～0.4cm；种子卵状长圆形，顶端具一簇白色绢质的种毛。

引种信息

吐鲁番沙漠植物园 2008年从新疆若羌环保局引进根茎（引种号2008035），2009年定植。生长速度较快，长势良好。

物候

吐鲁番沙漠植物园 3月中旬叶芽萌动、展叶；4月中旬现花蕾，4月下旬始花，5月上旬盛花，8月下旬末花；5月中旬初果，7月中旬至10月上旬果熟，10月上旬果裂；10月中旬秋叶，10月下旬落叶、枯萎。

迁地栽培要点

喜光、抗寒、抗旱、耐热、耐轻度盐碱。种子或根茎繁殖。

主要用途

新疆 I 级保护植物。经济用途与罗布麻相同，惟本种的花较大，颜色鲜艳，腺体发达，是良好的蜜源植物。

花枝

305

种子

花

叶

植株

果实

仅1属。

鹅绒藤属
Cynanchum L.

世界约200种；我国有53种12变种；迁地栽培2种。

分种检索表

99
老瓜头

别名： 牛心朴子

Cynanchum komarovii Al. Iljinski in Act. Horti Petropolit. 34: 52. 1920.

植株

自然分布

分布宁夏、甘肃、河北和内蒙古等地。生于内蒙古北部边缘地区附近的沙漠及黄河岸边或荒山坡，垂直分布可达海拔2000m左右。

迁地栽培形态特征

直立半灌木，高40cm，全株无毛。

茎 茎自基部密丛生，直立，不分枝或上部稍分枝，圆柱形，基部常带红紫色。

叶 叶革质，对生，狭椭圆形，长3~7cm，宽5~15mm，顶端渐尖或急尖，干后常呈粉红色，近无柄。

花 伞形聚伞花序近顶部腋生，着花10余朵；花萼5深裂，两面无毛，裂片长圆状三角形；花冠紫红色或暗紫色，裂片长圆形，长2～3mm，宽1.5mm；副花冠5深裂，裂片盾状，与花药等长；花粉块每室1个，下垂；子房坛状，柱头扁平。

果 蓇葖单生，匕首形，向端部喙状渐尖，长6.5cm，直径1cm；种子扁平；种毛白色绢质。

引种信息

吐鲁番沙漠植物园 引种记录不详。生长速度中等，长势一般。

物候

吐鲁番沙漠植物园 3月下旬叶芽萌动、展叶；4月上旬现花蕾，4月中旬始花、盛花，8月下旬末花；4月下旬初果，7月下旬果熟，9月下旬果裂；10月下旬秋叶，11月上旬落叶，11月中旬枯萎。

迁地栽培要点

喜光、抗寒、抗旱、耐热。种子繁殖。

主要用途

全草可作绿肥与杀虫剂；茎叶青嫩时乳汁有毒牲畜不吃，秋冬可作干草；种子可榨工业用油；良好的蜜源植物。

花　　果实

叶序　　幼苗

100
戟叶鹅绒藤

Cynanchum sibiricum Willd. in Ges. Naturf. Fr. Neue Schr. 124. t. 5. f. 1799.

植株

自然分布

分布内蒙古、甘肃和新疆。生于干旱、荒漠灰钙土洼地。蒙古、俄罗斯、中亚也有。

迁地栽培形态特征

多年生缠绕藤本，植株含乳汁。

🌿茎 茎细长，被短柔毛。

🍃叶 叶对生，纸质，戟形或戟状心形，长4~6cm，基部宽3~4.5cm，向端部长渐尖，基部具2个长圆状平行或略为叉开的叶耳，两面均被柔毛。

🌸花 伞房状聚伞花序腋生；花萼外面被柔毛，内部腺体极小；花冠外面白色，内面紫色，裂片长圆形，长4mm，宽1.3mm；副花冠双轮，外轮筒状，其顶端具有5条不同长短的丝状舌片，内轮5条裂片较短；花粉块长圆状，下垂；子房平滑，柱头隆起，顶端微2裂。

🍎果 蓇葖单生，狭披针形，长约10cm，直径1cm；种子长圆形；种毛白色绢质。

引种信息

吐鲁番沙漠植物园 1985年从新疆尉犁县铁干里克引进种子（引种号1985001），1986年定植。生长速度较快，长势良好。

物候

吐鲁番沙漠植物园　3月中旬叶芽萌动，3月下旬展叶；5月中旬现花蕾、始花，5月下旬盛花，9月下旬末花；5月下旬初果，9月中旬果熟，10月中旬果裂；10月下旬秋叶，11月上旬落叶，11月中旬枯萎。

迁地栽培要点

喜光、抗寒、抗旱、耐热、耐轻度盐碱。种子或根茎繁殖。

主要用途

植株含甾体牛皮消毒苷、皂苷、有机酸。根、茎、叶均可入药，可化湿利水，祛风止痛，治痈肿；治胃及十二指肠溃疡，慢性胃炎，急、慢性肾炎，水肿，白带过多，风湿痛等。维吾尔族医用果实医治痢疾和腹泻。

花序　　　叶　　　幼苗

种子　　　植株（秋季）

旋花科
Convolvulaceae

仅1属。

旋花属
Convolvulus L.

世界约250种；我国8种；迁地栽培1种。

101
田旋花

Convolvulus arvensis L. Sp. Pl. 153. 1753.

植株

自然分布

分布我国东北、华北、西北各地及江苏、四川、西藏。生于耕地及荒坡草地上。广布两半球温带，稀在亚热带及热带地区有分布。

迁地栽培形态特征

多年生草本，根状茎横走。

🟢茎 茎平卧或缠绕，有条纹及棱角，无毛或上部被疏柔毛。

🟢叶 叶卵状长圆形至披针形，长1.5～5cm，宽1～3cm，先端钝或具小短尖头，基部大多戟形，或箭形及心形，全缘或3裂，侧裂片展开，微尖，中裂片卵状椭圆形，狭三角形或披针状长圆形，微尖或近圆；叶柄较叶片短；叶脉羽状。

🟢花 花序腋生，总梗长3～8cm，1或有时2～3至多花；苞片线形；萼片5，不等长，疏被柔毛；花冠宽漏斗形，长15～26mm，白色或粉红色，或两者中带彼此的颜色，5浅裂；雄蕊5；雌蕊较雄蕊稍长，子房有毛，柱头2，线形。

果 蒴果卵状球形，无毛，长5～8mm。种子4，卵圆形，暗褐色。

引种信息

吐鲁番沙漠植物园 自然侵入。生长速度快，长势好。

物候

吐鲁番沙漠植物园 3月中旬叶芽萌动、展叶；4月下旬现花蕾，5月上旬始花、盛花，9月下旬末花；5月中旬初果，6月下旬果熟，10月中旬果裂；10月中旬秋叶，10月下旬落叶、枯萎。

迁地栽培要点

喜光、抗寒、抗旱、耐热、适应性很强。种子或根茎繁殖。

主要用途

全草入药，调经活血，滋阴补虚。

花　叶

植株　叶

仅1属。

天芥菜属
Heliotropium L.

世界约250种；我国有11种1变种；迁地栽培1种。

102
椭圆叶天芥菜

Heliotropium ellipticum Ledeb. in Eichw. Pl. Nov. Iter Casp. -Cauc. 10. pl. 4. 1831-33.

植株

自然分布

分布新疆、甘肃。生于海拔100~840m砾石荒漠、山沟、路旁及河谷等处。中亚、伊朗、巴基斯坦也有。

迁地栽培形态特征

多年生草本，高20~30cm。

🌱 茎直立或斜升，自基部分枝，被向上反曲的糙伏毛或短硬毛。

🍃 叶椭圆形或椭圆状卵形，长1.5~4cm，宽1~2.5cm，先端钝或尖，基部宽楔形或圆形，上面绿色，被稀疏短硬毛，下面灰绿色，短硬毛密生；叶柄长1~4cm。

🌸 镰状聚伞花序顶生及腋生，2叉状分枝或单一，长2~4cm；花无梗，在花序枝上排为二列；萼片狭卵形，被糙伏毛；花冠白色，长4~5mm，喉部稍收缩，檐部直径3~4mm，裂片短，近圆形，直径约1.5mm，皱折或开展，外面被短伏毛，内面无毛；花药卵状长圆形，无花丝，着生花冠筒基部；子房圆球形，具明显的短花柱，柱头长圆锥形。

果 核果直径2.5～3mm，分核卵形，长约2mm，具不明显的皱纹及细密的疣状突起。

引种信息

吐鲁番沙漠植物园 自然侵入。生长速度中等，长势一般。

物候

吐鲁番沙漠植物园 4月中旬叶芽萌动、展叶；4月下旬现花蕾，5月上旬始花、盛花，5月中旬末花；5月中旬初果，5月下旬果熟，6月下旬果裂；9月下旬秋叶、落叶、枯萎。

迁地栽培要点

喜光、抗寒、喜水分较好的生境。种子繁殖。

主要用途

栽培可供观赏。

花序

花果枝

叶

317

2属。

薄荷属
Mentha L.

世界约30种；我国现今连栽培种在内有12种，其中有6种为野生种；迁地栽培1种。

103

薄荷

别名： 野薄荷

Mentha haplocalyx Briq. in Bull. Soc. Bot. Geneve 5: 39. 1889.

自然分布

分布全国各地。生于水旁潮湿地，海拔高达3500m。俄罗斯、朝鲜、日本、北美洲、亚洲热带也有。

迁地栽培形态特征

多年生草本，高20～30cm。

🌿 茎直立，多分枝，下部数节具纤细的须根及水平匍匐根状茎，锐四棱形，具四槽，上部被倒向微柔毛，下部仅沿棱上被微柔毛。

🍃 叶片长圆状披针形，披针形，椭圆形或卵状披针形，稀长圆形，长3～5cm，宽0.8～3cm，先端锐尖，基部楔形至近圆形，边缘有尖锯齿，两面疏生微柔毛，有柄。

🌼 轮伞花序腋生，具梗或无梗；苞片线状披针形；花萼管状钟形，外被微柔毛及腺点，内面无毛，萼齿5，狭三角状钻形；花冠淡紫色、淡红色或白色，长4mm，外面略被微柔毛，内面在喉部以下被微柔毛，冠檐4裂，上裂片先端2裂，较大，其余3裂片近等大；雄蕊4，前对较长，均伸出于花冠之外，花药卵圆形；花柱略超出雄蕊，先端近相等2浅裂。

🍎 小坚果卵球形，黄褐色。

引种信息

吐鲁番沙漠植物园 2008年从新疆巩留县莫乎儿乡引进种子（引种号zdy382）。生长速度较慢，长势较差。

物候

吐鲁番沙漠植物园 4月上旬叶芽萌动、展叶；5月下旬现花蕾，6月上旬始花、盛花，9月下旬末花；6月中旬初果，7月中旬果熟、果落；10月下旬秋叶，11月上旬落叶，11月中旬枯萎。

迁地栽培要点

喜光、抗寒、喜水分较好的潮湿地。种子或根茎繁殖。

主要用途

幼嫩茎尖可作菜食。全草入药，治感冒发热喉痛、头痛、目赤痛、皮肤风疹搔痒、麻疹不透等症，此外对痈、疽、疥、癣、漆疮亦有效。

花序

幼苗

花果枝

花序

居群

鼠尾草属
Salvia L.

世界约 700~(1050) 种；我国有 78 种 24 变种 8 变型；迁地栽培 1 种。

104
新疆鼠尾草

Salvia deserta Schang. in Ledeb. Suppl. Ⅱ Ind. Sem. Hort. Acad. Dorp. 6. 1824.

植株

自然分布

分布新疆。生于田野荒地，沟边，沙滩草地及林下，海拔270～1850m。

迁地栽培形态特征

多年生草本，高40～60cm。

🟤 茎 茎单一或多数自根茎生出，钝四棱形，绿色，被疏柔毛及微柔毛，不分枝或多分枝。

🟤 叶 叶卵圆形或披针状卵圆形，长4～9cm，宽1.5～5cm，先端锐尖或渐尖，基部心形，边缘具不整齐的圆锯齿，上面绿色，被微柔毛，脉下陷，下面淡绿或灰绿色，脉隆起，被短柔毛；叶柄长达4cm，向茎顶渐变短。

🟤 花 轮伞花序4～6花，由枝及茎顶组成长的总状花序；苞片宽卵圆形，紫红色；花萼钟形，脉上被柔毛，具腺点，二唇形，上唇半圆形，先端具3小齿，下唇长于上唇，2深裂，齿长三角形，锐尖；花冠蓝紫至紫色，长9～10mm，疏被柔毛和腺点，冠筒内有毛但不成环，冠檐二唇形，上唇椭圆形，两侧折合成镰刀形，下唇3裂，中裂片较大，倒心形。

果 小坚果倒卵圆形，长1.5mm，黑色，光滑。

引种信息

吐鲁番沙漠植物园 2008年从新疆霍尔果斯引进种子（引种号zdy317），2009年定植。生长速度中等，长势一般。

物候

吐鲁番沙漠植物园 3月上旬叶芽萌动、展叶；4月中旬现花蕾，4月下旬始花、盛花，9月下旬末花；4月下旬初果，6月中旬果熟，10月下旬果落；10月下旬秋叶，11月中旬落叶、枯萎。

迁地栽培要点

喜光、抗寒、抗旱。种子繁殖。

主要用途

脂肪油可用于干性油和油漆的制造；在民间医学中草的敷罨用药液治咽喉炎；蜜源植物。

花

叶

幼苗

花序

茄科
Solanaceae

仅1属。

枸杞属
Lycium L.

世界约80种；我国有7种3变种；迁地栽培2种。

105

宁夏枸杞

别名: 枸杞、中宁枸杞

Lycium barbarum L. Sp. Pl. 192. 1753.

盛果

自然分布

分布我国西北各地及河北、内蒙古、山西。由于果实入药而广泛栽培,尤以宁夏、新疆及天津等地栽培多,产量高。我国栽培历史悠久;欧洲及地中海沿岸国家普遍栽培并成为野生。

迁地栽培形态特征

灌木,高1~2m。

🌿 分枝细密,野生时多开展而略斜升或弓曲,栽培时小枝弓曲而树冠多呈圆形,有纵棱纹,灰白色或淡灰黄色,无毛而微有光泽,有不生叶的短棘刺和生叶、花的长棘刺。

🍃 叶互生或簇生,披针形或长椭圆状披针形,长2~3cm,宽4~6mm,先端短渐尖,或锐尖,基部楔形,全缘。栽培时叶长达12cm,宽1.5~2cm,略带肉质,叶脉不明显。

325

🌸 1～2朵腋生长枝上，2～6朵簇生于短枝；花梗细，长0.5～2cm，向顶端渐增粗；花萼钟状。长4～6mm，常2裂，裂片有小尖头或顶端又2～3齿裂；花冠漏斗状，紫堇色，筒部长8～10mm，自下部向上渐扩大，明显长于檐部裂片，裂片长5～6mm，卵形，顶端圆钝，基部有耳，边缘无缘毛，花开放时平展；雄蕊的花丝基部稍上处及花冠筒内壁生一圈密茸毛；花柱像雄蕊一样由于花冠裂片平展而稍伸出花冠。

🍒 浆果通常椭圆形，红色或在栽培类型中也有橙色，果皮肉质，多汁液，形状及大小由于经长期人工培育或植株年龄、生境的不同而多变，广椭圆状、矩圆状、卵状或近球状，顶端有短尖头或平截、有时稍凹陷，长8～20mm，直径5～10mm。种子常20余粒，略呈肾脏形，扁压，棕黄色，长约2mm。

引种信息

吐鲁番沙漠植物园 1974年从宁夏引进种子。1980年定植。生长发育良好，能开花结实。

民勤沙生植物园 1974年引自宁夏。生长发育良好，能开花结实。

物候

吐鲁番沙漠植物园 3月上旬芽萌动，3月中旬展叶；3月下旬现蕾，4月初始花，4月上旬至10月上旬盛花，10月上旬末花；4月上旬至9月中旬初果，5月上旬至10月底果熟，5月下旬至10月底果落；10月底叶黄，11月上旬叶脱落，11月中旬叶干枯。

民勤沙生植物园 4月上旬芽萌动，4月中旬展叶；4月下旬始花，5月上旬盛花，10月上旬末花；6月下旬初果，7月上旬果熟；8月下旬叶黄，9月下旬叶脱落，11月中旬叶干枯。

迁地栽培要点

喜光，耐轻度盐碱和干旱，对土壤要求不严，耐瘠薄，适应性强，栽培成活率高。如不追求枸杞的产量，可粗放管理，无须修剪、中耕除草、追施肥料等常规管理，但要注意病虫害防止。繁殖可采用种子直播、茎枝扦插和分株等方法。

主要用途

枸杞果实药食两用，中药称枸杞子，性味甘平，有滋肝补肾，益精明目作用。根据理化分析，内含甜菜碱、酸浆红色素、隐黄尿圈，以及胡萝卜素（维生素A）、硫胺素（维生素B1）、核黄素（维生素B2）、抗坏血酸（维生素C），并含烟酸、钙、磷、铁等，含人体所需要的多种营养成分，因此，作为滋补药畅销国内外。另外，根皮中药称地骨皮也作药用。果柄及叶还是猪、羊的良好饲料。其叶还做茶浸泡饮用。

花叶

果枝

叶

果实

花

植株

植株

106

黑果枸杞

别名： 苏枸杞、黑刺

Lycium ruthenicum Murr. in Comment. Soc. Sc. Gotting 2: 9. 1780.

自然分布

分布我国西北各省区及内蒙古和西藏等。生于荒漠地带沙地、田边、荒地和丘陵。中亚、高加索、俄罗斯也有。

迁地栽培形态特征

多棘刺、多分枝灌木，高80cm左右。

茎 具坚硬弯曲枝，分枝斜升或横卧于地面，白色或灰白色，常呈"之"字形曲折，有不规则的纵条纹，小枝顶端渐尖成棘刺状，节间短缩，每节有长0.3～1.5cm的短棘刺；短枝位于棘刺两侧，在幼枝上不明显，在老枝上则成瘤状，生有簇生叶或花、叶同时簇生，更老的枝则短枝成不生叶的瘤状凸起。

叶 2～6枚簇生于短枝上，在幼枝上单叶互生，肥厚肉质，近无柄，棒状、条状至匙形，有时为条状披针形或条状倒披针形，或成狭披针形，顶端钝圆，基部渐狭，两侧有时稍向下卷，中脉不明显，长0.5～3cm，宽2～7mm。

花 1～2朵生短枝上；花梗细，长5～10mm；花萼狭钟状，长4～5mm，不规则2～4浅裂，裂片膜质，边缘具疏缘毛，果期萼稍膨大成半球状，包围于果实中下部；花冠漏斗状，淡紫色，长约1.2cm，筒部向檐部稍扩大，先端5浅裂，裂片矩圆状卵形，长约为筒部的1/3～1/2，无缘毛，耳片不明显；雄蕊稍伸出花冠，着生于花冠筒中部，花丝基部稍上处和花冠内壁均具疏茸毛，花柱与雄蕊近等长。

果 成熟浆果紫黑色，球状，有时顶端稍凹陷，直径4～9mm，汁液紫色。种子肾形，褐色，长1.5mm，宽2mm。

引种信息

吐鲁番沙漠植物园 1980年从新疆吐鲁番引进野生苗定植。生长发育良好，能开花结实。

民勤沙生植物园 乡土种。

物候

吐鲁番沙漠植物园 3月中旬芽萌动，3月下旬展叶；4月中旬现蕾，4月中旬始花，4月下旬至9月中旬盛花，9月中旬末花；5月初初果，7月下旬果熟，8月上旬果落；10月底叶黄，11月上旬叶脱落，11月中旬叶干枯。

民勤沙生植物园 4月上旬芽萌动，4月下旬展叶；4月下旬始花，5月上旬盛花，6月下旬末花；6月下旬初果，7月中旬果熟；9月下旬叶黄，9月中旬叶脱落，11月中旬叶干枯。

迁地栽培要点

喜光，耐干旱，耐瘠薄，耐盐碱，对土质要求不严，植苗成活率高。管理粗放，无需修剪、中耕除草、追施肥料等常规管理。

主要用途

　　黑果枸杞果实和根皮药用，功效同宁夏枸杞。嫩叶可作蔬菜（《中国沙漠植物志》）。有毒（《新疆经济植物及其利用》）。可作为水土保持的灌木。

植株（花期）

叶序

果枝

花枝

花

2属。

野胡麻属
Dodartia L.

本属为单种属。

107
野胡麻

Dodartia orientalis L. Sp. Pl. 633. 1753.

植株（果期）

自然分布

分布新疆、内蒙古、甘肃、四川。生于海拔800～1400m的多沙的山坡及田野。蒙古、俄罗斯、哈萨克斯坦、伊朗也有。

迁地栽培形态特征

多年生草本，高20～40cm，无毛或幼嫩时疏被柔毛。

🌿 茎单一或束生，近基部被棕黄色鳞片，茎从基部起至顶端，多回分枝，枝伸直，细瘦，具棱角，扫帚状。

🍃 叶疏生，茎下部的对生或近对生，上部的常互生，宽条形，长1～4cm，全缘或有疏齿。

🌸 花 总状花序顶生，花常3～7朵，稀疏；花梗短；花萼近革质，萼齿宽三角形，近相等；花冠紫色或深紫红色，长1.5～2.5cm，花冠筒长筒状，上唇短而伸直，卵形，2浅裂，下唇长于上唇，侧裂片近圆形，中裂片突出，舌状；雄蕊花药紫色，肾形；子房卵圆形，花柱伸直，无毛。

🍎 蒴果圆球形，直径约5mm，褐色或暗棕褐色，具短尖头；种子卵形，黑色。

引种信息

吐鲁番沙漠植物园 2007年从新疆青河引进种子（引种号2007158），2009年定植。生长速度较快，长势良好。

物候

吐鲁番沙漠植物园 4月上旬叶芽萌动、展叶；4月中旬现花蕾、始花，4月下旬盛花，5月上旬末花；5月上旬初果，6月上旬果熟，7月中旬果落；10月下旬秋叶，11月中旬落叶、枯萎。

迁地栽培要点

喜光、抗寒、抗旱、耐热。种子繁殖。

主要用途

全草入药，治老年慢性气管炎、小儿肺炎、支气管炎、扁桃体炎、急性乳腺炎、急性结膜炎、急性淋巴腺炎、尿道感染、荨麻疹、皮肤瘙痒。

叶　果枝　花枝　花蕾　果实　植株（花期）

柳穿鱼属

Linaria Mill.

世界约100种；我国有8种；迁地栽培1种。

108
紫花柳穿鱼

Linaria bungei Kuprian. Act. Bot. Inst. Acad. Sci. URSS, 1, 2: 298. 1936.

自然分布

分布新疆。生于草地、多石山坡，海拔500~2000m。中亚及西西伯利亚地区也有。

迁地栽培形态特征

多年生草本，高30~50cm。

茎 茎常丛生，有时一部分不育，中上部常多分枝，无毛。

叶 叶互生，条形，长2~5cm，宽1.5~3mm，两面无毛。

花 穗状花序数朵花至多花，果期伸长，花序轴及花梗无毛；花萼无毛或疏生短腺毛，裂片长矩圆形或卵状披针形；花冠紫色，长（除距）12~15mm，上唇裂片卵状三角形，下唇短于上唇，侧裂片长仅1mm，距长10~15mm，伸直。

果 蒴果近球状，长5~7mm，直径4~5mm。种子盘状，边缘有宽翅，中央光滑。

引种信息

吐鲁番沙漠植物园 2008年从新疆霍尔果斯口岸卡拉苏河引进种子（引种号zdy327），2009年定植。生长速度较慢，长势较差。

物候

吐鲁番沙漠植物园 3月中旬叶芽萌动、展叶；4月上旬现花蕾，4月中旬始花、盛花，5月下旬末花；4月下旬初果，6月中旬果熟，6月下旬果落；10月下旬秋叶，11月中旬落叶，11月中旬枯萎。

迁地栽培要点

喜光、抗寒、喜稍凉生境。种子繁殖。

主要用途

花美丽，可供观赏；全草入药，能清热，散瘀，治流行性感冒，黄疸，风湿性心脏病，汤火烫伤等；蜜源植物。

花

花序

花果枝

植株

本属为单种属。

菊科
Compositae

9属。

顶羽菊属
Acroptilon Cass.

本属为单种属。

109

顶羽菊

Acroptilon repens (L.) DC. Prodr. 6: 663. 1837.

居群

自然分布

分布山西、河北、内蒙古、陕西、青海、甘肃、新疆。生于山坡、丘陵、平原、农田、荒地。欧洲、中亚、蒙古、伊朗也有。

迁地栽培形态特征

多年生草本，高50~70cm。

茎 茎单生，或少数茎成簇生，直立，自基部分枝，分枝斜升，全部茎枝被蛛丝毛，被稠密的叶。

叶 叶长椭圆形、匙形或线形，长2.5~5cm，宽0.6~1.2cm，顶端钝、圆形或急尖而有小尖头，全缘或具疏齿至羽状半裂，两面灰绿色，被蛛丝毛，无柄。

花 头状花序多数，伞房花序或伞房圆锥花序；总苞卵形，直径0.5~1.5cm；总苞片被长柔毛，外层卵形，上半部白色膜质，内层披针形；管状花粉红色或淡紫色。

果 瘦果倒长卵形，长3.5~4mm，宽约2.5mm，淡白色，顶端圆形，无果缘，基底着生面稍见偏斜。

引种信息

　　吐鲁番沙漠植物园　1982年从新疆乌苏甘家湖引进种子（引种号1982018），1983年定植。生长速度较快，长势良好。

物候

　　吐鲁番沙漠植物园　3月中旬叶芽萌动、展叶；5月上旬现花蕾，5月中旬始花，5月下旬盛花，6月上旬末花；6月上旬初果，7月中旬果熟；10月中旬秋叶、落叶，10月下旬枯萎。

迁地栽培要点

　　喜光、抗寒、抗旱、耐热、耐轻度盐碱，适应性强。种子繁殖。

主要用途

　　根茎发达，分枝多，有固沙作用；秋季干后，牲畜喜食；地上部分入药，清热解毒，活血消肿，主治痈疽疔疮、无名肿毒、关节炎。

花枝

花

花

花

花蕾

叶序

植株

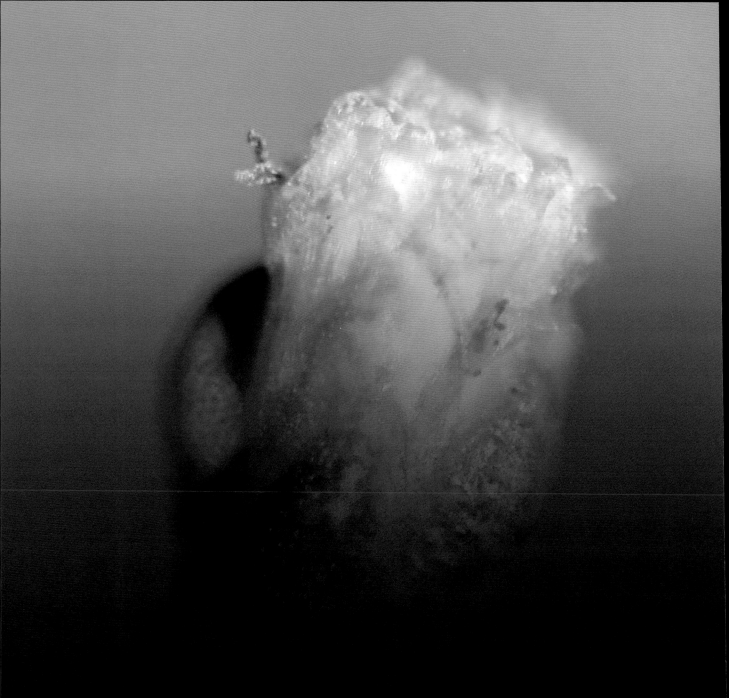

蒿属
Artemisia L.

世界300多种；我国有186种44变种；迁地栽培2种。

分种检索表

1a. 叶不分裂或侧边间有1~2枚细小狭线形的裂片，或叶顶端间有3深裂或3浅裂，不分裂的叶或分裂叶的中央裂片为线形、线状披针形或披针形 ·················· 110. 龙蒿 ***A. dracunculus***

1b. 中部叶常一回羽状全裂，裂片宽0.5~1mm；两侧中部与基部裂片常不分裂，少偶间有1~2枚小裂片 ·················· 111. 黑沙蒿 ***A. ordosica***

110

龙蒿

别名: 蛇蒿、椒蒿、狭叶青蒿

Artemisia dracunculus L. Sp. Pl. 849. 1753.

自然分布

分布东北、西北各地及内蒙古、河北、山西。多生于干山坡、草原、半荒漠草原、森林草原、林缘、田边、路旁、干河谷、河岸阶地、亚高山草甸等地区,也见于盐碱滩附近。蒙古、阿富汗、印度、巴基斯坦、克什米尔地区、西伯利亚、欧洲、北美洲也有。

迁地栽培形态特征

半灌木状草本,高50cm左右。

茎 茎通常多数,成丛,褐色或绿色,有纵棱,下部木质,稍弯曲,分枝多,开展,斜向上;茎、枝初时微有短柔毛,后渐脱落。

叶 叶无柄,下部叶花期凋谢;中部叶线状披针形或线形,长3~7cm,宽2~3mm,先端渐尖,基部渐狭,全缘;上部叶与苞片叶略短小,线形或线状披针形。

花 头状花序多数,近球形,直径2~2.5mm,近无梗,在茎上排列成开展的圆锥花序;总苞片3层,外层狭小,卵形,内层长卵形,全膜质;花序托凸起;花管状,黄色或褐色,边缘雌花檐部2~3裂,中央两性花檐部5齿裂。

果 瘦果倒卵形。

引种信息

吐鲁番沙漠植物园 2007年从新疆察布查尔县引进种子(引种号2007063),2008年定植。生长速度较慢,长势较差。

物候

吐鲁番沙漠植物园 3月中旬叶芽萌动、展叶;5月中旬现花蕾,5月下旬始花,6月上旬盛花,6月下旬末花;6月下旬初果,9月下旬果熟,10月上旬果落;10月中旬秋叶,10月下旬落叶,11月上旬枯萎。

迁地栽培要点

喜光、抗寒、抗旱、喜稍凉生境。种子繁殖。

主要用途

嫩叶可食;含挥发油,主要成分为醛类物质,还含少量生物碱;青海民间入药,治暑湿发热、虚劳等;根有辣味,新疆民间取根研末,代替辣椒作调味品;牧区作牲畜饲料。

花枝

叶序

果枝

植株

111

黑沙蒿

别名：油蒿、沙蒿

Artemisia ordosica Krasch. in Not. Syst. Herb. Inst. Acad. Sci. URSS 9: 173. 1946.

自然分布

分布内蒙古、河北、山西、陕西、宁夏、甘肃、新疆。多生于海拔1500m以下的荒漠与半荒漠地区的流动与半流动沙丘或固定沙丘上，也生于干草原与干旱的坡地上。

迁地栽培形态特征

小灌木，高50cm。

茎 茎多数，茎皮老时常呈薄片状剥落，分枝多，枝长10～35cm，老枝暗灰白色或暗灰褐色，当年生枝紫红色或黄褐色，茎、枝与营养枝常组成大的密丛。

叶 叶黄绿色，多少半肉质，干后坚硬；茎下部叶宽卵形或卵形，一至二回羽状全裂，小裂片狭线形，叶柄短；中部叶卵形或宽卵形，长3～5cm，宽2～4cm，一回羽状全裂，裂片狭线形；上部叶5或3全裂，裂片狭线形，无柄。

花 头状花序多数，卵形，直径1.5～2.5mm，有短梗及小苞叶，斜生或下垂；总苞片3～4层，外、中层总苞片卵形，背面黄绿色，边缘膜质，内层总苞片长卵形，半膜质；花序托半球形；雌花狭圆锥状，檐部2裂齿；两性花管状，檐部5裂齿。

果 瘦果倒卵形，果壁上具细纵纹并有胶质物。

引种信息

吐鲁番沙漠植物园 1977年从宁夏引进种子（引种号1977039），1978年定植。生长速度较慢，长势较差。

物候

吐鲁番沙漠植物园 3月中旬叶芽萌动、展叶；6月下旬现花蕾，7月上旬始花，7月下旬盛花，9月下旬末花；8月下旬初果，10月下旬果熟，11月中旬果落；11月上旬秋叶，11月中旬落叶，11月下旬枯萎。

迁地栽培要点

喜光、抗寒、抗旱、耐热。种子繁殖。

主要用途

中国特有种。根系粗长，茎木质，分枝多而长，耐沙压埋；果壁上含胶质物，遇水吸湿膨胀可胶住土壤并能促进种子发芽，为良好的固沙植物。适于飞机播种。茎、枝作固沙的沙障或编筐用。枝、叶入药，蒙医作消炎、止血、祛风、清热药。牧区作牲畜饲料。果壁胶质物作食品工业的黏着剂。

当年枝

叶

花

裸根

幼苗

花枝

植株

菊苣属

Cichorium L.

世界约6种；我国有3种；迁地栽培1种。

112

菊苣

Cichorium intybus L. Sp. Pl. 813. 1753.

自然分布

分布北京、黑龙江、辽宁、山西、陕西、新疆、江西。生于滨海荒地、河边、水沟边或山坡。广布欧洲、亚洲、北非。

迁地栽培形态特征

多年生草本，高50~100cm。

茎 茎直立，单生，分枝开展，全部茎枝绿色，有条棱，被极稀疏的长而弯曲的糙毛或刚毛或几无毛。

叶 基生叶莲座状，倒披针状长椭圆形，包括叶柄全长15~34cm，宽2~4cm，基部渐狭有翼柄，顶端裂片较大，向下侧裂片渐小，侧裂片为不规则三角形；茎生叶较小，披针形，全缘，无柄，半抱茎。全部叶质地薄，两面被多细胞长节毛。

花 头状花序单生或数个集生于茎顶或枝端；总苞圆柱状，长8~12mm；总苞片2层，外层5，少6~7，卵状披针形，内层8，线状披针形，长于外层1.5~2倍；花全部舌状，蓝色，长约14mm，有色斑。

果 瘦果倒卵状，外层瘦果压扁，紧贴内层总苞片，3~5棱，顶端截形，向下收窄，褐色，有棕黑色色斑。冠毛极短，2~3层，膜片状。

引种信息

吐鲁番沙漠植物园 2008年从新疆乌鲁木齐县永丰乡引进种子（引种号zdy230），2009年定植。生长速度中等，长势一般。

物候

吐鲁番沙漠植物园 4月上旬叶芽萌动、展叶；5月中旬现花蕾，5月下旬始花、盛花，9月下旬末花；6月中旬初果，7月中旬果熟；10月中旬秋叶，10月下旬落叶，11月上旬枯萎。

迁地栽培要点

喜光、抗寒、喜水分较好的生境。种子繁殖。

主要用途

叶可调制生菜；根含菊糖及芳香族物质，可提制代用咖啡，促进人体消化器官活动；蜜源植物；栽培可供观赏。

花

花蕾

基生叶

植株

植株

世界约250～300种；我国有50余种；迁地栽培1种。

蓟属
Cirsium Mill.

113

丝路蓟

Cirsium arvense (L.) Scop. Fl. Carn. ed. 2. 2: 126. 1772.

自然分布

分布新疆、甘肃、西藏。生于沟边水湿地、田间或湖滨地区，海拔700~4250m。欧洲、中亚、阿富汗、印度也有。

迁地栽培形态特征

多年生草本，高40cm左右。

🌱 茎直立，上部分枝，无毛或在头状花序下部有稀疏蛛丝毛，花序枝下面的叶腋有短缩的不育枝。

🍃 下部茎叶椭圆形或椭圆状披针形，长7~17cm，宽1.5~4.5cm，羽状浅裂或半裂，基部渐狭，有短叶柄，边缘通常有2~3个刺齿；中部及上部茎叶渐小，无柄至基部扩大半抱茎。全部叶两面绿色或下面色淡，无毛或有时下面有极稀疏的蛛丝毛。

🌸 头状花序顶生，排成圆锥伞房状；总苞卵形，直径1.5~2cm，通常无毛；总苞片约5层，覆瓦状排列，向内层渐长，外层及中层卵形，内层及最内层椭圆状披针形、长披针形至宽线形，外层顶端有反折或开展的短针刺，中内层顶端膜质渐尖或急尖，不形成明显的针刺；花管状，紫红色，雌花和两性花的花冠檐部5深裂。

🍂 瘦果淡黄色，几圆柱形，顶端截形；冠毛污白色，多层，基部连合成环，整体脱落；冠毛刚毛长羽毛状，长达2.8cm。

引种信息

吐鲁番沙漠植物园 自然侵入。生长速度较快，长势良好。

物候

吐鲁番沙漠植物园 4月中旬叶芽萌动，4月下旬展叶；5月中旬现花蕾，5月下旬始花，6月上旬盛花，8月中旬末花；6月中旬初果、果熟，7月中旬果落；10月中旬秋叶，10月下旬落叶，11月上旬枯萎。

迁地栽培要点

喜光、抗寒、喜水分较好的生境。种子繁殖。

主要用途

有毒植物，牲畜完全不吃；蜜源植物；在民间医学中用来治疗疥癣和给儿童沐浴治剧瘦。

花

果实

叶

花枝

植株

居群（花期）

河西菊属

Hexinia H. L. Yang

本属仅1种，为我国特有属。

114

河西菊

别名: 鹿角草

Hexinia polydichotoma (Ostenf.) H. L. Yang in Fl. Desert. Republ, Popul. Sin. 3: 459. 1992.

植株(花果期)

自然分布

分布甘肃、新疆。生于沙地、沙地边缘、沙丘间低地、戈壁冲沟及沙地田边,海拔 -105~1800m。

迁地栽培形态特征

多年生草本,高20~40cm。

茎 茎自下部起多级等二叉状分枝,形成球状,全部茎枝无毛。

叶 基生叶与下部茎叶少数,线形,革质,无柄,长0.5~4cm,宽2~5mm,基部半抱茎,顶端钝;中部茎与上部茎叶或有时基生叶退化成小三角形鳞片状。

花 头状花序多数，单生于末级等二叉状分枝末端，花序梗粗短。总苞圆柱状，长8～10mm；总苞片2～3层；外层小，不等长，三角形或三角状卵形，内层长椭圆形或长椭圆状披针形；全部总苞片顶端急尖或钝，外面无毛。舌状小花黄色，花冠管外面无毛。

果 瘦果圆柱状，淡黄色至黄棕色，长约4mm，向顶端增粗，顶端圆形，无喙，向下稍收窄，有15条等粗的细纵肋。冠毛白色，单毛状，基部连合成环，整体脱落。

引种信息

吐鲁番沙漠植物园 自然侵入。生长速度较快，长势良好。

物候

吐鲁番沙漠植物园 3月下旬叶芽萌动、展叶；4月下旬现花蕾，5月上旬始花，5月中旬盛花，9月下旬末花；6月上旬初果，7月中旬果熟，7月下旬至10月下旬果落；10月中旬秋叶，10月下旬落叶，11月上旬枯萎。

迁地栽培要点

喜光、抗寒、抗旱、耐热。种子繁殖。

主要用途

中国特有种；可固沙；栽培可供观赏。

花

茎及鳞片状叶

果实

植株（果期）

花花柴属

Karelinia Less.

本属为单种属。

115

花花柴

别名： 胖姑娘

Karelinia caspia (Pall.) Less. Linnaea 9: 187. 1834.

植株

自然分布

分布新疆、青海、甘肃、内蒙古。生于戈壁滩地、沙丘、草甸盐碱地和苇地水田旁。蒙古、中亚、伊朗、土耳其、欧洲也有。

迁地栽培形态特征

多年生草本，高50cm左右。

茎 茎粗壮，直立，多分枝，圆柱形，中空，幼枝被糙毛或柔毛，老枝除有疣状突起外，几无毛。

叶 叶卵圆形，长1.5～6.5cm，宽0.5～2.5cm，顶端钝或圆形，基部等宽或稍狭，有圆形或戟形的小耳，抱茎，全缘，质厚，几肉质，两面被短糙毛或无毛；下面叶脉显著。

花 头状花序长约13～15mm，约3～7个生于枝端；苞叶渐小；总苞卵圆形或短圆柱形；总苞片约

355

5层，外层卵圆形，顶端圆形，内层长披针形，顶端稍尖，厚纸质，外面被短毡状毛；小花黄色或紫红色；雌花花冠丝状；花柱分枝细长；两性花花冠细管状，裂片被短毛；花药超出花冠；花柱分枝较短；冠毛白色。

果 瘦果长1.5mm，圆柱形，基部较狭窄，有4～5纵棱，无毛。

引种信息

吐鲁番沙漠植物园 自然侵入。生长速度较快，长势良好。

物候

吐鲁番沙漠植物园 3月下旬叶芽萌动，4月上旬展叶；5月下旬现花蕾，6月上旬始花，6月中旬盛花，7月中旬末花；6月中旬初果，7月中旬至10月中旬果熟，10月中旬果落；10月中旬秋叶，10月下旬落叶，11月上旬枯萎。

迁地栽培要点

喜光、抗寒、抗旱、耐热、耐盐碱。种子繁殖。

主要用途

可固沙。

花枝

果实

果枝

喀什菊属
Kaschgaria Poljak.

世界2种；我国全产；迁地栽培1种。

116
密枝喀什菊

Kaschgaria brachanthemoides (C. Winkl.) Poljak. in Not. Syst. Herb. Inst. Bot. Ac. Sc. URSS 18: 283. 1957.

植株

自然分布

分布新疆。生于海拔1500m的干燥山谷。中亚也有。

迁地栽培形态特征

半灌木，高约50cm。

茎 茎基部粗壮，老枝枝皮灰色开裂；当年生茎枝多数，长约30cm，帚状，光滑，具细棱，下部麦秆色，上部淡绿色。

叶 叶线形，狭披针状线形，或狭矩圆状条形，无柄，长1.2~2cm，宽1.7~5mm，全缘，有时上部3裂，两面无毛或疏生星状毛，上部叶短小，狭条形。

⓪ 头状花序卵形，长约4mm，宽约2mm，有短梗或几无梗，2~5个聚生于枝端成束状伞房花序或单生；总苞狭杯状；总苞片草质，边缘膜质，外层小，几乎圆形，内层大，宽椭圆形，背部散生腺点；边缘花少数，雌性，花冠狭管状，顶端3齿；盘花两性，管状，顶端5齿。

⓪ 瘦果狭倒卵形，长1~1.3mm，光滑，顶端平，无冠状冠毛。

引种信息

吐鲁番沙漠植物园 引种记录不详。生长速度较快，长势良好。

物候

吐鲁番沙漠植物园 3月中旬叶芽萌动、展叶；6月上旬现花蕾，6月下旬始花，7月上旬盛花，8月中旬末花；7月中旬初果，10月上旬果熟，11月上旬果落；10月中旬秋叶、落叶，11月上旬枯萎。

迁地栽培要点

喜光、抗寒、抗旱、耐热。种子繁殖。

主要用途

可固沙。

叶序　果枝　基生叶

果实　花

乳苣属
Mulgedium Cass

世界约15种；我国有5种；迁地栽培1种。

117
乳苣

别名: 蒙山莴苣、苦菜

Mulgedium tataricum (L.) DC. Prodr. 7: 248. 1838.

自然分布

分布辽宁、内蒙古、河北、山西、陕西、甘肃、青海、新疆、河南、西藏。生于河滩、湖边、草甸、田边、固定沙丘或砾石地，海拔 -105~4300m。欧洲、哈萨克斯坦、乌兹别克斯坦、蒙古、伊朗、阿富汗、印度也有。

迁地栽培形态特征

多年生草本，高40~60cm。

🌿 茎直立，有细条棱或条纹，上部有圆锥状花序分枝，全部茎枝光滑无毛。

🍃 中下部茎叶长椭圆形，基部渐狭成短柄或无柄，长6~19cm，宽2~6cm，羽状浅裂或半裂或边缘有大锯齿，顶端钝或急尖，侧裂片2~5对，中部侧裂片较大，两端的渐小，顶裂片披针形；向上的叶渐小。全部叶质地稍厚，两面光滑无毛。

🌸 头状花序约含20枚小花，多数，在茎枝顶端狭或宽圆锥花序。总苞圆柱状，长2cm，宽约0.8mm；总苞片4层，中外层较小，卵形，内层披针形，全部苞片外面光滑无毛，带紫红色。舌状小花紫色或紫蓝色，管部有白色短柔毛。

🔴 瘦果长圆状披针形，稍压扁，灰黑色，长5mm，宽约1mm，每面有纵肋，顶端渐尖成喙。冠毛2层，纤细，白色。

引种信息

吐鲁番沙漠植物园 自然侵入。生长速度较快，长势良好。

物候

吐鲁番沙漠植物园 3月下旬叶芽萌动，4月上旬展叶；5月中旬现花蕾，5月下旬始花、盛花，9月下旬末花；5月下旬初果，6月中旬果熟、果落；10月中旬秋叶，10月下旬落叶，11月上旬枯萎。

迁地栽培要点

喜光、抗寒、喜水分较好的生境。种子繁殖。

主要用途

嫩叶可食；可作牲畜饲料；栽培可供观赏。

花

叶

果实

种子

花枝

植株

蒲公英属
Taraxacum F. H. Wigg.

世界约2000全种；我国有70种1变种；迁地栽培1种。

118
药用蒲公英

别名： 药蒲公英

Taraxacum officinale F. H. Wigg. in Prim. Fl. Holsat. 56. 1780.

居群

自然分布

分布吉林、河北、陕西、甘肃、青海、湖北、四川、西藏、新疆。生于海拔700~2200m间的低山草原、森林草甸或田间与路边。哈萨克斯坦、吉尔吉斯斯坦及欧洲、北美洲也有。

迁地栽培形态特征

多年生草本，高15~30cm。

茎 无茎。

叶 叶狭倒卵形、长椭圆形，长4~20cm，宽10~65mm，大头羽状深裂或浅裂，顶端裂片三角形，全缘或具齿，先端急尖或圆钝，每侧裂片三角形，全缘或具牙齿，裂片先端急尖或渐尖，裂片间常有小齿或小裂片，无毛或沿主脉被稀疏的蛛丝状短柔毛。

🌸 花葶多数，长于叶，顶端被丰富的蛛丝状毛，基部常显红紫色；头状花序直径25～40mm；总苞宽钟状，总苞片绿色，先端渐尖、无角，有时略呈胼胝状增厚；外层总苞片宽披针形至披针形，反卷；内层总苞片长为外层总苞片的1.5倍；舌状花亮黄色，边缘花舌片背面有紫色条纹，柱头暗黄色。

🍎 瘦果浅黄褐色，长3～4mm，中部以上有大量小尖刺，其余部分具小瘤状突起，顶端突然缢缩为喙基，喙纤细，长7～12mm；冠毛白色。

引种信息

吐鲁番沙漠植物园　2008年从新疆乌鲁木齐乌拉泊水库引进种子（引种号zdy030），2009年定植。生长速度较快，长势良好。

物候

吐鲁番沙漠植物园　2月中旬叶芽萌动，2月下旬展叶；3月下旬现花蕾，4月上旬始花、盛花，4月下旬末花；4月中旬初果、果熟、果落；11月中旬秋叶，11月下旬落叶、枯萎。

迁地栽培要点

喜光、抗寒、喜水分较好的生境。种子繁殖。

主要用途

早春的嫩叶可作凉拌菜；根是提取酒精的原料，烤熟的根可作咖啡；药用植物；蜜源植物。

总苞片　　花　　果实

基生叶　　植株

11属。

芨芨草属

Achnatherum Beauv.

世界约20多种；我国有14种；迁地栽培1种。

119

芨芨草

Achnatherum splendens (Trin.) Nevski in Act. Inst. Bot. Acad. Sci. URSS ser. 1. fasc. 4: 224. 1937.

植株

自然分布

分布我国西北、东北各省区及内蒙古、山西、河北。生于微碱性的草滩及砂土山坡上，海拔900～4500m。欧洲、蒙古、中亚也有。

迁地栽培形态特征

多年生草本，高60～200cm。须根常被砂套。

🌱 秆直立，坚硬，内具白色的髓，形成大的密丛，径3～5mm，节多聚于基部，具2～3节，平滑无毛，基部宿存枯萎的黄褐色叶鞘。

🍃 叶鞘无毛，具膜质边缘；叶舌三角形或尖披针形，长5～10mm；叶片纵卷，质坚韧，长30～60cm，宽5～6mm，上面脉纹凸起，微粗糙，下面光滑无毛。

花 圆锥花序长30～60cm，开花时呈金字塔形开展；小穗长4.5～7mm（除芒），灰绿色，基部带紫褐色，成熟后常变草黄色；颖膜质，顶端尖或锐尖，第一颖短，具1脉，第二颖长，具3脉；外稃顶端具2微齿，密生柔毛，具5脉，基盘钝圆，芒自外稃齿间伸出，直立或微弯，不扭转，内稃脉间具柔毛；花药顶端具毫毛。

果 具颖果。

引种信息

吐鲁番沙漠植物园 1983年从新疆146团引进野生苗（引种号1983031），当年定植。生长速度较快，长势良好。

物候

吐鲁番沙漠植物园 2月下旬叶芽萌动，3月上旬展叶；5月中旬抽穗，5月下旬始花、盛花，6月上旬末花；6月上旬初果，7月中旬果熟、果落；10月下旬秋叶，11月中旬落叶、枯萎。

迁地栽培要点

喜光、抗寒、抗旱、耐热、耐微盐碱，喜地下水位较高的生境。种子繁殖。

主要用途

早春幼嫩时，为牲畜良好的饲料；其秆叶坚韧，长而光滑，可作纤维植物，供造纸及人造丝，又可编织筐、草帘、扫帚等；叶浸水后，韧性极大，可做草绳；可改良碱地，保护渠道及保持水土。

花穗

基生叶

果序

居群

三芒草属

Aristida L.

世界约150种；我国有11种；迁地栽培1种。

120

三芒草

Aristida adscensionis L. Sp. Pl. 82. 1753.

自然分布

分布我国东北、华北、西北各地及河南、山东、江苏。生于干山坡、黄土坡、河滩沙地及石隙内，海拔300~1800m。广布于全世界温带地区。

迁地栽培形态特征

一年生草本，高20~40cm。须根坚韧，有时具砂套。

茎 秆具分枝，丛生，光滑，直立或基部膝曲。

叶 叶鞘短于节间，光滑无毛，疏松包茎，叶舌短而平截，膜质，具长约0.5mm之纤毛；叶片纵卷，长3~20cm。

花 圆锥花序狭窄或疏松，长4~20cm；小穗灰绿色或紫色；颖膜质，具1脉，披针形，脉上粗糙，两颖稍不等长；外稃明显长于第二颖，具3脉，中脉粗糙，背部平滑或稀粗糙，基盘尖，被柔毛，芒粗糙，主芒长1~2cm，两侧芒稍短；内稃披针形；鳞被2，薄膜质；花药长1.8~2mm。

果 具颖果。

引种信息

吐鲁番沙漠植物园 1980年从新疆莫索湾引进种子（引种号1980025），1981年定植。生长速度较快，长势良好。

物候

吐鲁番沙漠植物园 4月上旬叶芽萌动，4月中旬展叶；5月上旬抽穗，5月中旬始花、盛花，7月下旬末花；5月下旬初果，7月下旬果熟，9月中旬果落；9月下旬秋叶，10月上旬枯萎。

迁地栽培要点

喜光、抗寒、抗旱、耐热、喜砂壤土。种子繁殖。

主要用途

可作饲料；须根可作刷、帚等用具。沙漠先锋植物。

果序

果序

植株（花期）

居群

植株（果期）

371

孔颖草属

Bothriochloa Kuntze

世界约35种；我国有7种1变种；迁地栽培1种。

121

白羊草

Bothriochloa ischaemum (L.) Keng in Contr. Biol. Lab. Sci. China 10: 201. 1936.

居群（花果期）

自然分布

分布几遍全国。生于山坡草地和荒地。分布全世界亚热带和温带地区。

迁地栽培形态特征

多年生草本，高50～70cm。

（茎）秆丛生，直立或基部倾斜，径1～2mm，具3至多节，节上无毛或具白色髯毛。

（叶）叶鞘无毛，常短于节间；叶舌膜质，长约1mm，具纤毛；叶片线形，长5～16cm，宽2～3mm，顶生者常缩短，先端渐尖，基部圆形，两面疏生柔毛或下面无毛。

（花）总状花序4至多数着生于秆顶呈指状，长3～7cm，纤细，灰绿色或带紫褐色；无柄小穗长圆状披针形，基盘具髯毛；第一颖草质，具5～7脉，下部1/3具丝状柔毛；第二颖舟形，中部以上具纤

373

毛；第一外稃长圆状披针形，先端尖，边缘上部疏生纤毛；第二外稃退化成线形，先端延伸成一膝曲扭转的芒，芒长10~15mm；第一内稃长圆状披针形；第二内稃退化；鳞被2，楔形；雄蕊3枚。

🉑 具颖果。

引种信息

吐鲁番沙漠植物园 2007年从新疆特克斯县引进种子（引种号2007075），2008年定植。生长速度中等，长势一般。

物候

吐鲁番沙漠植物园 4月上旬叶芽萌动、展叶；5月中旬抽穗，5月下旬始花、盛花，6月下旬末花；6月上旬初果，6月下旬果熟，7月中旬果落；10月上旬秋叶，10月中旬落叶、枯萎。

迁地栽培要点

喜光、抗寒、抗旱、适应性一般。种子繁殖。

主要用途

优良牧草；根可制各种刷子。

植株　花序　果序　叶鞘　下部叶

拂子茅属
Calamagrostis Adans.

世界约 15 种；我国有 6 种 4 变种；迁地栽培 1 种。

122

假苇拂子茅

Calamagrostis pseudophragmites (Hall. f.) Koel. Descr. Gram. 106. 1802.

居群

自然分布

分布我国东北、华北、西北各省区及四川、云南、贵州、湖北。生于山坡草地或河岸阴湿之处，海拔350～2500m。欧亚大陆温带也有。

迁地栽培形态特征

多年生草本，高50～100cm。具根状茎。

🌱 秆直立，径1.5～4mm。

🍃 叶鞘平滑无毛，短于节间，有时在下部者长于节间；叶舌膜质，长4～9mm，长圆形，顶端钝而易破碎；叶片长10～30cm，宽1.5～5mm，扁平或内卷，上面及边缘粗糙，下面平滑。

🌸 圆锥花序长圆状披针形，疏松开展，长10～20cm，宽3～5cm，分枝簇生，直立，细弱；小穗长草黄色或紫色；颖线状披针形，不等长，第二颖较第一颖短，具1脉或第二颖具3脉；外稃透明膜质，具3脉，顶端全缘，芒自顶端或稍下伸出，细直，细弱，长1～3mm；内稃短于外稃；雄蕊3，花药长1～2mm。

果 具颖果。

引种信息
吐鲁番沙漠植物园 2010年从新疆吐鲁番红柳河园艺场引进野生苗（引种号2010046），当年定植。生长速度中等，长势一般。

物候
吐鲁番沙漠植物园 2月下旬叶芽萌动，3月上旬展叶；5月中旬抽穗，5月下旬始花，6月上旬盛花，6月下旬末花；6月上旬初果，8月中旬果熟，8月下旬果落；10月上旬秋叶，10月中旬落叶，10月下旬枯萎。

迁地栽培要点
喜光、抗寒、喜水分较好的低湿地。种子或根茎繁殖。

主要用途
可作饲料；生活力强，可为防沙固堤的材料。

叶鞘

果序

花序

植株

植株

虎尾草属

Chloris Sw.

世界约50种·我国产4种，连同引种的1种共5种·迁地栽培1种。

123
虎尾草

Chloris virgata Sw. Fl. Ind. Occ. 1: 203. 1797.

居群（花果期）

自然分布

广布全国各地；多生于路旁荒野，河岸沙地、土墙及房顶上。两半球热带至温带均有分布，海拔可达3700m。

迁地栽培形态特征

一年生草本，高30～50cm。

🌱 秆直立或基部膝曲，径1～4mm，光滑无毛。

379

🌿 叶鞘背部具脊，包卷松弛，无毛；叶舌长约1mm，无毛或具纤毛；叶片线形，长3～25cm，宽3～6mm，两面无毛或边缘及上面粗糙。

🌸 穗状花序5～10枚，长1.5～5cm，指状着生于秆顶，常直立而并拢成毛刷状，有时包藏于顶叶之膨胀叶鞘中，成熟时常带紫色；小穗无柄；颖膜质，1脉；第一颖长约1.8mm，第二颖等长或略短于小穗，中脉延伸成小尖头；第一小花两性，3脉，顶端尖或有时具2微齿，芒自背部顶端稍下方伸出，长5～15mm；内稃膜质，略短于外稃，具2脊；基盘具毛；第二小花不孕，长楔形。

🍎 颖果纺锤形，淡黄色，光滑无毛而半透明，胚长约为颖果的2/3。

引种信息

吐鲁番沙漠植物园 2008年从新疆伊吾县淖毛湖引进种子（引种号zdy182），2009年定植。生长速度中等，长势一般。

物候

吐鲁番沙漠植物园 4月上旬叶芽萌动，4月中旬展叶；5月上旬抽穗，5月中旬始花、盛花，7月下旬末花；5月下旬初果，7月下旬果熟，9月中旬果落；9月下旬秋叶，10月上旬枯萎。

迁地栽培要点

喜光、抗寒、抗旱、耐热。种子繁殖。

主要用途

各种牲畜食用的牧草。

小穗　　　　植株

花序

果序

居群（果期）

381

狗牙根属

Cynodon Rich.

世界约10种；我国有2种1变种；迁地栽培1种。

124
狗牙根

别名: 绊根草

Cynodon dactylon (L.) Pers. Syn. Pl. 1: 85. 1805.

植株

自然分布

广布于我国黄河以南各地。多生于村庄附近、道旁河岸、荒地山坡。全世界温暖地区均有。

迁地栽培形态特征

多年生草本，高10～30cm。具根茎。

茎 秆细而坚韧，下部匍匐地面蔓延甚长，节上常生不定根，直立部分直径1～1.5mm，秆壁厚，光滑无毛，有时略两侧压扁。

叶 叶鞘微具脊，无毛或有疏柔毛，鞘口常具柔毛；叶舌仅为一轮纤毛；叶片线形，长1～12cm，宽1～3mm，通常两面无毛。

花 穗状花序3～5枚，长2～5cm；小穗灰绿色或带紫色，长2～2.5mm，仅含1小花；颖长1.5～2mm，第二颖稍长，均具1脉，背部成脊而边缘膜质；外稃舟形，具3脉，背部明显成脊，脊上被柔毛；内稃与外稃近等长，具2脉。鳞被上缘近截平；花药淡紫色；子房无毛，柱头紫红色。

果 颖果长圆柱形。

引种信息

吐鲁番沙漠植物园 自然侵入。生长速度较快，长势良好。

物候

吐鲁番沙漠植物园 3月下旬叶芽萌动、展叶；5月下旬抽穗，6月上旬始花、盛花，6月下旬末花；6月下旬初果，7月下旬果熟，8月下旬果落；10月下旬秋叶，11月上旬落叶，11月中旬枯萎。

迁地栽培要点

喜光、抗寒、抗旱、耐热、耐轻度盐碱、喜水分较好的生境。种子或根茎繁殖。

主要用途

其根茎蔓延力很强，广铺地面，为良好的固堤保土植物，常用以铺建草坪或球场；根茎可喂猪、牛、马、兔、鸡等喜食其叶；全草入药，有清血、解热、生肌之效。

花序

匍匐茎

花序

果序

植株

居群

蔗茅属

Erianthus Michaux.

世界约50种；我国有8种；迁地栽培1种。

126
沙生蔗茅

别名： 皮山蔗茅

Erianthus ravennae (L.) Beauv. Ess. Agrost. 14. 1812.

自然分布

分布新疆。生于固定沙丘上、戈壁滩、砂质土渠道、农田沙地，海拔1200～3000m。印度、巴基斯坦、伊朗、中亚、欧洲也有。

迁地栽培形态特征

多年生草本，高2～4m。根系发达，深达1.5m，根状茎粗短，常形成大丛。

茎 秆高大，丛生，直径约1cm，具多数节，实心，下部节上生有黄色柔毛。

叶 叶鞘圆筒形，紧密包秆，下部密生淡黄色柔毛，毛长1～1.5mm；叶舌短，具长约2mm的纤毛；叶片宽大成带形，长50～120cm，宽0.5～1.5cm，基部生黄色长丝状毛，老后粗糙，中脉白色，边缘粗糙。

花 圆锥花序大型，直立，长30～60cm，宽10～15cm，分枝多，稠密，最终小枝短，具3～4节；节间与小穗柄近等长，密生长柔毛；小穗常有异形，带紫色；第一颖革质，顶端尖或有2齿；第二颖中脉成脊，有小尖头；第一外稃膜质，脊上具纤毛；第二外稃具3脉，顶端具4～8mm的芒；雄蕊3枚，花药黄色。

果 具颖果。

引种信息

吐鲁番沙漠植物园 2010年从乌兹别克斯坦引进种子（引种号2010001），2011年定植。生长速度较快，长势良好。

物候

吐鲁番沙漠植物园 3月下旬叶芽萌动、展叶；9月上旬抽穗，9月中旬始花，9月下旬盛花，10月上旬末花；10月上旬初果，11月上旬果熟，11月中旬果落；10月下旬秋叶、叶枯萎（叶不脱落）。

迁地栽培要点

喜光、抗寒、耐热、喜水分较好的砂质土壤。种子或根茎繁殖。

主要用途

新疆Ⅱ级保护植物。优良固沙植物，株丛大，基叶发达，挡沙性强；幼嫩期作家畜饲料。

花序

果序

叶鞘

植株（花期）

植株（果期）

赖草属

Leymus Hochst.

世界约30余种；我国有9种；迁地栽培1种。

127

大赖草

Leymus racemosus (Lam.) Tzvel. Nct. Syst. Inst. Bot. Kom. Acad. Sci. URSS 20: 429. 1960.

居群

自然分布

分布新疆。生于沙地。欧洲、蒙古、哈萨克斯坦也有。

迁地栽培形态特征

多年生草本，高达1m。具长的横走根茎。

茎 秆粗壮，直立，直径约1cm，基部被黄褐色叶鞘，全株微糙涩。

叶 叶鞘松弛包茎，具膜质边缘；叶舌膜质，平截，长约2mm；叶片浅绿色，质硬，长20～40cm，宽约10mm。

花 穗状花序直立，长15～30cm，径1～2cm；穗轴坚硬，扁圆形，两棱具细毛；小穗轴节间长3～4mm，每节具4～6枚小穗；小穗含3～5个小花；颖披针形，向上渐尖，平滑，长12～20mm，与小穗近等长，中间具粗壮的脉纹，边缘渐薄，第一外稃长15～20mm，背部被白色细毛；内稃比外稃短，两脊平滑无毛。

🔴果 具颖果。

引种信息

吐鲁番沙漠植物园 2007年从新疆哈巴河县185团引进种子（引种号2007223），2008年定植。生长速度较快，长势良好。

物候

吐鲁番沙漠植物园 3月上旬叶芽萌动、展叶；5月上旬抽穗，5月中旬始花、盛花，5月下旬末花；5月下旬初果，7月中旬果熟，9月下旬果落；10月下旬秋叶、落叶、枯萎。

迁地栽培要点

喜光、抗寒、抗旱、耐热、耐盐碱、耐瘠薄、抗病虫害。种子或根茎繁殖。

主要用途

新疆Ⅱ级保护植物。优良固沙植物；其营养价值较高，但适口性差，属低等牧草；幼嫩期作家畜饲料。

花序

果序

叶序

芦苇属

Phragmites Adans.

世界10余种；我国有3种；迁地栽培1种。

128
芦苇

Phragmites australis (Cav.) Trin. ex Steud. Nom. Bot. ed. 2, 2: 324. 1841.

居群（冬季）

自然分布

分布全国各地。生于江河湖泽、池塘沟渠沿岸和低湿地。全球广布。

迁地栽培形态特征

多年生草本，高1～3m。根状茎十分发达。

🌿 秆直立，直径3～10mm，具20多节，基部和上部的节间较短，最长节间位于下部第4～6节，长20～25cm，节下通常被白粉。

🍃 叶鞘下部短于上部者，长于其节间；叶舌边缘密生一圈长约1mm的短纤毛，两侧缘毛长3～5mm，易脱落；叶片披针状线形，长30cm，宽2cm，无毛，顶端长渐尖成丝形。

🌸 圆锥花序大型，长20～40cm，宽约10cm，分枝多数，着生稠密下垂的小穗；小穗柄无毛；小穗含4花；颖具3脉，第一颖短于第二颖；第一不孕外稃雄性，第二外稃具3脉，顶端长渐尖，基盘延长，与小穗轴连接处具关节，成熟后自关节上脱落；内稃两脊粗糙；雄蕊3，花药长1.5～2mm，黄色。

🔴 **果** 颖果长约1.5mm。

引种信息

吐鲁番沙漠植物园　自然侵入。生长速度较快，长势良好。

物候

吐鲁番沙漠植物园　3月中旬叶芽萌动，3月下旬展叶；9月上旬抽穗，9月中旬始花、盛花，10月上旬末花；10月上旬初果，10月下旬果熟，11月中旬果落；10月下旬秋叶，11月中旬叶枯萎（叶不脱落）。

迁地栽培要点

喜光、抗寒、抗旱、耐热、耐微盐碱及地下水位较高的低地。种子或根茎繁殖。

主要用途

秆为造纸原料或作编席织帘及建棚材料；茎、叶嫩时为饲料；根状茎供药用；固堤造陆先锋环保植物。

植株　花序　成熟果序　叶序　居群

新麦草属
Psathyrostachys Nevski

世界约10种；我国有4种；迁地栽培1种。

129
新麦草

Psathyrostachys juncea (Fisch.) Nevski in Kom. Fl. URSS 2: 714. 1934.

植株（花期）　　　　植株（果期）

自然分布

分布新疆、内蒙古。生于山地草原带。欧洲、蒙古、中亚也有。

迁地栽培形态特征

多年生草本，高40～60cm。具直伸短根茎，密集丛生。

🌱 秆直立，直径约2mm，光滑无毛，仅于花序下部稍粗糙，基部残留枯黄色、纤维状叶鞘。

🍃 叶鞘短于节间，光滑无毛；叶舌长约1mm，膜质，顶部不规则撕裂；叶耳膜质，长约1mm；叶片深绿色，长5～15cm，宽3～4mm，扁平或边缘内卷，上下两面均粗糙。

🌸 穗状花序下部为叶鞘所包，长9～12cm，宽7～12mm；穗轴脆而易断，侧棱具纤毛；小穗2～3枚生于1节，淡绿色，成熟后变黄或棕色，含2～3小花；颖锥形，被短毛，脉不明显；外稃披针形，被短硬毛或柔毛，具5～7脉，先端成1～2mm长的芒；内稃稍短于外稃，脊上具纤毛；花药黄色，长4～5mm。

果 具颖果。

引种信息

吐鲁番沙漠植物园 2008年从新疆乌鲁木齐天山野生动物园引进种子（引种号zdy031），2009年定植。生长速度较快，长势良好。

物候

吐鲁番沙漠植物园 3月中旬叶芽萌动、展叶；4月中旬抽穗，4月下旬始花、盛花，5月上旬末花；5月上旬初果，7月中旬果熟，7月下旬果落；10月上旬秋叶，10月下旬落叶、枯萎。

迁地栽培要点

喜光、抗寒、抗旱、耐热。种子繁殖。

主要用途

优良牧草；秆直立，密集丛生，栽培可供观赏。

叶鞘　　花序　　果序

基生叶　　植株（果期）

仅1属。

菖蒲属

Acorus L.

世界4种；我国全有；迁地栽培1种。

130

菖蒲

Acorus calamus L. Sp. Pl. ed. 1: 324. 1753.

基生叶

自然分布

分布全国各省区。生于海拔2600m以下的水边、沼泽湿地或湖泊浮岛上，也常有栽培。南北两半球的温带、亚热带也有。

迁地栽培形态特征

多年生草本。

茎 根茎横走，稍扁，分枝，直径5～10mm，外皮黄褐色，芳香，肉质根多数，长5～6cm，具毛发状须根。

叶 叶基生，基部两侧膜质叶鞘宽4～5mm，向上渐狭至消失、脱落。叶片剑状线形，长30～60cm，中部宽1～2cm，基部宽、对褶，中部以上渐狭，草质，绿色，光亮；中肋在两面均明显隆起，侧脉3～5对，平行，纤弱，大都伸延至叶尖。

🌸 花序柄三棱形，长15～40cm；叶状佛焰苞剑状线形，长30～40cm；肉穗花序斜向上或近直立，狭锥状圆柱形，长4.5～6.5cm，直径6～12mm。花黄绿色，花被片长约2.5mm，宽约1mm；花丝长2.5mm，宽约1mm；子房长圆柱形，长3mm，粗1.25mm。

🍎 浆果长圆形，红色。

引种信息

吐鲁番沙漠植物园　2010年从新疆吐鲁番引进栽培苗（引种号2010001），当年定植。生长速度较慢，长势较差。

物候

吐鲁番沙漠植物园　3月上旬叶芽萌动，3月中旬展叶；3月下旬现花蕾，4月上旬始花、盛花，4月下旬末花；随着高温期的到来，未见成熟果实；10月下旬秋叶，11月中旬落叶、枯萎。

迁地栽培要点

喜光、抗寒、喜有水的生境。种子或根茎繁殖。

主要用途

根茎均入药。菖蒲味辛，苦，性温，能开窍化痰，辟秽杀虫。主治痰涎壅闭、神识不清、慢性气管炎；痢疾、肠炎、腹胀腹痛、食欲不振、风寒湿痹，外用敷疮疥。兽医用全草治牛臌胀病、肚胀病、百叶胃病、胀胆病、发疯狂、泻血痢、炭疽病、伤寒等。

花序　　　　果序　　　　植株

引种信息

　　吐鲁番沙漠植物园　2012年从新疆富蕴县引进野生苗（引种号2012003），当年定植。生长速度较慢，长势较差。

物候

　　吐鲁番沙漠植物园　3月上旬叶芽萌动、展叶；7月中旬现花蕾，7月下旬始花，9月上旬盛花，9月下旬末花；8月上旬初果，9月下旬果熟、果落；10月下旬秋叶，11月中旬落叶、枯萎。

迁地栽培要点

　　喜光、抗寒、抗旱。种子或鳞茎繁殖。

主要用途

　　植物有辛辣味，牲畜喜食，为催肥饲料；马、骆驼和羊食用后可避免蠕虫在鼻咽腔内寄生；牧民用作肉食的调味品和蔬菜。叶及花可食用；地上部分入蒙药，能开胃，消食，杀虫，主治消化不良，不思饮食，秃疮，青腿病等。

花序

地下鳞茎

果序

植株

鸢尾科
Iridaceae

仅1属。

鸢尾属
Iris L.

世界约300种；我国约产60种13变种5变型；迁地栽培2种。

分种检索表

132
喜盐鸢尾

别名: 厚叶马蔺

Iris halophila Pall. Reise Russ. Reich. 3: 713. t. B. f. 2. 1776.

植株

自然分布

分布甘肃、新疆。生于草甸草原、山坡荒地、砾质坡地及潮湿的盐碱地上。俄罗斯、蒙古、哈萨克斯坦也有。

迁地栽培形态特征

多年生草本，高40～60cm。

🌿 **茎** 无茎。

🍃 **叶** 叶剑形，灰绿色，长20～60cm，宽1～2cm，略弯曲，有10多条纵脉，无明显的中脉。

🌸 **花** 花茎粗壮，比叶短；在花茎分枝处有3枚苞片，草质，绿色，边缘膜质，内包含有2朵花；花黄色，直径5～6cm；花梗长1.5～3cm；花被管长约1cm，外花被裂片提琴形，内花被裂片倒披针形；雄蕊长约3cm，花药黄色；花柱分枝扁平，片状，呈拱形弯曲，子房狭纺锤形，上部细长。

果 蒴果椭圆状柱形，长6～9cm，直径2～2.5cm，绿褐色或紫褐色，具6条翅状的棱，顶端有长喙，成熟时室背开裂；种子近梨形，黄棕色。

引种信息

吐鲁番沙漠植物园 2008年从新疆尼勒克县引进种子（引种号zdy357），2009年定植。生长速度较快，长势良好。

物候

吐鲁番沙漠植物园 2月下旬叶芽萌动，3月上旬展叶；4月中旬现花蕾、始花、盛花，4月下旬末花；5月上旬初果，7月中旬果熟，9月下旬果裂；10月下旬秋叶，11月中旬落叶、枯萎。

迁地栽培要点

喜光、抗寒、抗旱、耐热、耐轻度盐碱。种子或根茎繁殖。

主要用途

种子入药，清热、利湿、止痛、解毒、治黄疸、泻痢、止血、血崩、白带、喉痹、痈肿；牲畜不吃叶；因花大、鲜艳、美丽，可作观赏花卉。

花序　花　果实　花枝

133
膜苞鸢尾

别名： 镰叶马蔺

Iris scariosa Willd. ex Link. in Engl. Bot. Jahrb. 1 (3): 71. 1820.

自然分布

分布新疆。生于石质山坡向阳处或沟旁。俄罗斯、蒙古、哈萨克斯坦也有。

迁地栽培形态特征

多年生草本，高10~20cm。

茎 无茎。

叶 叶灰绿色，剑形或镰刀形弯曲，长10~18cm，宽1~1.8cm，顶端短渐尖，基部黄白色鞘状，中部较宽。

花 花茎长约10cm，无茎生叶；苞片3枚，膜质，边缘红紫色，长卵形，顶端短渐尖，内含2朵花；花蓝紫色，直径5.5~6cm；花梗甚短；花被管上部扩大成喇叭形，外花被裂片倒卵形，中脉上生有黄色须毛状的附属物，内花被裂片倒披针形，直立；雄蕊长约1.8cm，花柱淡紫色，顶端裂片狭三角形，子房纺锤形。

果 蒴果纺锤形或卵圆状柱形，长5~7.5cm，直径2.5~3cm，顶端无明显的喙，但略膨大成环状，6条肋明显、突出，成熟时室背开裂。

引种信息

吐鲁番沙漠植物园 2011年从新疆巴里坤县引进野生苗（引种号2011001），当年定植。生长速度较慢，长势较差。

物候

吐鲁番沙漠植物园 2月下旬叶芽萌动，3月上旬展叶；3月中旬现花蕾，3月下旬始花、盛花，4月上旬末花；4月上旬初果，7月中旬果熟，8月下旬果裂；10月下旬秋叶，11月中旬落叶、枯萎。

迁地栽培要点

喜光、抗寒、抗旱。种子或根茎繁殖。

主要用途

根入药，治疗咽喉肿痛，音哑；在同一生境中花色丰富，有白、黄、淡天蓝色和鲜蓝紫色，栽培供观赏有特别的效果。

花

果实

植株（果期）

基生叶

植株（花期）

参考文献
References

常兆丰，赵明，韩福贵，等，2008. 民勤沙区主要植物的物候特征[J]. 林业科学，44(5)：58-64.

陈冀胜，郑硕，1987. 中国有毒植物[M]. 北京：科学出版社.

陈修身，1987. 新疆丝绸史初探[J]. 丝绸，(1)：38-39.

慈龙骏，等，2005. 中国的荒漠化及其防治[M]. 北京：高等教育出版社.

段士民，尹林克，2016. 中国常见植物野外识别手册-荒漠册[M]. 北京：商务印书馆.

傅立国，1991. 中国植物红皮书（第一册）[M]. 北京：科学出版社.

高尚武，1988. 治沙造林学[M]. 北京：林业出版社.

葛学军，翟大彤，1998. 中国荒漠区蒲公英属订正[J]. 中国沙漠，18(3)：268-272.

韩树棠，等，1958. 灌木固沙试验初步报告[J]. 林业科学，(3)：280-291.

姜传义，1999. 中国杀虫植物志[M]. 乌鲁木齐：新疆科技卫生出版社.

辽宁省阜新市防护林试验站，1973. 章古台固沙造林[M]. 北京：农业出版社.

李爱德，尉秋实，李昌龙，等，2010. 干旱荒漠区植物引种驯化[M]. 兰州：甘肃科学技术出版社.

李鸣风，等，1960. 包兰铁路中卫段腾格里沙澳地区铁路站线固沙造林的研究. 林业集刊(3). 北京：科学出版社.

李文漪，阎顺，1990. 柴窝堡盆地第四纪孢粉学研究[M]//施雅风，等. 新疆柴窝堡盘地第四纪气候环境变迁和水文地质条件. 北京：海洋出版杜.

李孝芳，陈传康，等，1983. 毛乌素沙区自然条件极其改良利用[M]. 北京：科学出版社.

刘华训，1985. 中国荒漠地带的植被[G]//赵松桥，1985. 中国干旱地区自然地理. 北京：科学出版社.

刘铭庭，2014. 中国柽柳属植物综合研究图文集[M]. 乌鲁木齐：新疆人民出版社，新疆科学技术出版社.

毛祖美，张佃民，1994. 新疆北部早春短命植物区系纲要[J]. 干旱区研究，11(3)：1-26.

刘媖心，1985-1992. 中国沙漠植物志（第1、2、3卷）[M]. 北京：科学出版社.

卢琦，王继和，褚建民，2012. 中国荒漠植物图鉴[M]. 北京：中国林业出版社.

内蒙古植物志编辑委员会，1985. 内蒙古植物志（第1卷）[M]. 呼和浩特：内蒙古人民出版社.

欧阳舒，王智，詹家桢，等，1993. 新疆北部石炭纪-二叠纪孢粉组合的植物区系性质初步探讨[J]. 微体古生物学报，10(3)：237-255.

潘伯荣，1987. 我国固沙植物引种的历史及展望[J]. 中国沙漠，7(2)：1-8.

潘伯荣，尹林克，1991. 我国干旱荒漠区珍稀濒危植物资源的综合评价及合理利用[J]. 干旱区研究，8(3)：45-56.

潘伯荣，1998. 我国荒漠植物分类区系特殊成分的研究与保护[M]//牛德水，1998. 中国生物系统学研究回顾与展望. 北京：中国林业出版社.

潘晓玲，1994. 塔里木盆地植物区系研究. 新疆大学学报，11(4)：77-83.

潘晓玲，张宏达，1996. 准噶尔盆植被特点与植物区系形成探讨[J]. 中山大学学报论丛，2：93-97.

潘晓玲，党荣理，伍光和，2001. 西北干旱荒漠区植物区系地理与资源利用[M]. 北京：科学出版社.

丘新明，2000. 我国沙漠中部地区植被[M]. 兰州：甘肃文化出版社.

沈观冕，1995. 中国麻黄属的地理分布与演化[J]. 云南植物研究，17(1)：15-20.

沈观冕，2012. 新疆经济植物及其利用[M]. 乌鲁木齐：新疆科学技术出版社.

舒新城，等，1947. 辞海（合订本）[M]. 上海：上海商务出版社.

王茜，2001. 历史时期新疆园林业的发展及特点[J]. 西域研究，(3)：21-28.

王耀琳，1992. 民勤沙区70种植物的物候观测分析[J]. 甘肃林业科技，(4)：40-50.

吴征镒，1980. 中国植被[M]. 北京：科学出版社.

吴征镒，周俊，裴盛基，1983. 植物资源的合理利用与保护[C]//中国植物学会，1983. 中国植物学会
　　五十周年年会学术报告及论文摘要汇编.

吴征镒，王荷生，1983. 中国自然地理-植物地理（上册）[M]. 北京：科学出版社.

吴征镒，路安民，汤彦承，等，2002. 被子植物的一个"多系–多期–多域"新分类系统总览[J]. 植物
　　分类学报，40(4)：289-322.

吴正，2009. 中国沙漠及其治理[M]. 北京：科学出版社.

新疆植物志编辑委员会，1992-2011. 新疆植物志（第1-6卷）. 乌鲁木齐：新疆科技卫生出版社.

杨昌友，2012. 新疆树木志[M]. 北京：中国林业出版社.

杨自辉，俄有浩，2000. 干旱沙区46种木本植物的物候研究-以民勤沙生植物园栽培植物为例[J]. 西北
　　植物学报，20(6)：1102-1109.

尹林克，1987. 吐鲁番沙漠植物园68种植物物候观察[J]. 干旱区研究，4(4)：25-32.

张国梁，1992. 《中国沙漠植物志》禾本科植物名称的订正[J]. 中国沙漠，12（3）：42-45.

张宏达，1994. 再论华夏植物区系的起源[J]. 中山大学学报（自然科学版），33(2)：1-9.

张强，赵雪，赵哈林，1998. 中国沙区草地[M]. 北京：气象出版社.

张小云，李晓岑，2014. 新疆墨玉维吾尔族桑皮纸研究[J]. 中国造纸，44(4)：30-34.

张秀伏，1993. 中国沙区十字花科植物订正[J]. 兰州大学学报（自然科学版），29(4)：212-214.

张秀伏，1995. 《中国沙漠植物志》景天科（Crassulaceae）增订[J]. 中国沙漠，15(1)：71-78.

张秀伏，1997. 《中国沙漠植物志》水毛茛属植物增补[J]. 中国沙漠，17(1)：80-82.

张秀伏，1999. 《中国沙漠植物志》厚壁荠属、四棱荠属、菘蓝属和独行菜属订正[J]. 中国沙
　　漠，19(1)：91-92.

赵松桥，1985. 中国干旱地区自然地理[M]. 北京：科学出版社.

中国科学院冰川冻土沙漠研究所，1973. 中国沙漠地区药用植物[M]. 兰州：甘肃人民出版社.

中国科学院林业土壤研究所，1957. 辽宁省章古台固沙造林研究中的基本经验[J]. 林业集刊(3). 北
　　京：科学出版社.

中国科学院内蒙古宁夏综合考察队，1985. 内蒙古植被[M]. 北京：科学出版社.

中国科学院中国植物志编辑委员会，1978-1999. 中国植物志（第7-80卷）[M]. 北京：科学出版社.

中国树木志编委会主编，1978. 中国主要树种造林技术（下册）[M]. 北京：农业出版社.

Wei Shi, Zhi Hao Su, Pei Liang Liu, et al. Molecular, karyotypic and morphological evidence for Ammopiptanthus
　　(Fabaceae) taxonomy[J]. Annals of the Missouri Botanical Garden. 2017. Vol. 102, (4)：559-573.

附录：各植物园的地理位置和自然环境

中国科学院新疆生态与地理研究所吐鲁番沙漠植物园

位于吐鲁番盆地东南部的恰特喀勒乡西部沙荒地，地处东经89°11′，北纬40°51′，海拔−105～−76m的极干旱区。地貌类型为风蚀雅丹地貌、平坦流动沙地及新月型沙丘地貌；地下水埋深10～15m。植物园属暖温带气候，年平均气温13.9℃，极端最低−28℃，极端最高气温49.6℃，夏季沙面最高温度超过80℃，≥10℃的年平均积温为5454.5℃；无霜期265.6天。年平均降水量16.4mm，年蒸发量3000mm；年平均湿度41%。年日照时数3049.5小时，日照百分比为68%。年平均大风日数26.8天，最多达68天；最大风速超过40m/s。地带性土壤为灰棕色荒漠土，pH 8.6～9.1。

甘肃省治沙研究所民勤沙生植物园

位于巴丹吉林沙漠东南缘的民勤西沙窝，地处东经103°05′，北纬38°38′，海拔1378.5m，地势西南高东北低。园内分布有大小沙丘100多，西南部的沙丘较高大，大多数已营造了梭梭林，其他地段多为荒漠植被。地下水埋深超过20m，矿化度多在1.7g/L以下。具有明显的大陆性气候特征。年平均降水量110mm，且多集中在8月份，占全年降水量的40%以上。年蒸发量2435.0mm，是降水量的21倍多。全年平均气温7.4℃，极端最低气温−28.8℃，极端最高气温38.1℃，无霜期约164天，始于4月下旬，终于10月上旬。11月土壤开始冻结，翌年3月开始解冻。年平均日照2833.1天，日照百分率平均为64%，大于10℃有效积温3248.8℃。常年盛行西北风，占全年风向的70%以上，而在夏季则偏东的干热风占优势，全年风沙日达83天，以3～5月最为频繁，年平均风速2.3m/s，最大风速达16m/s。园内为地带性灰棕荒漠土，丘间低地广泛分布着荒漠化草甸土，瘠薄干燥，有机质含量1%以下，大部分土壤有不同程度的盐渍化，pH 7～8。

中文名索引

拉丁名索引